技工院校建筑类专业教材

职业院校建筑类专业教材

JIGONG YUANXIAO
JIANZHULEI ZHUANYE JIAOCAI

室内设计手绘快速表现

ZHIYE YUANXIAO
JIANZHULEI ZHUANYE JIAOCAI

胡嘉欣◎主编

中国劳动社会保障出版社

图书在版编目（CIP）数据

室内设计手绘快速表现 / 胡嘉欣主编 . -- 北京：中国劳动社会保障出版社，2025. --（技工院校建筑类专业教材）（职业院校建筑类专业教材）. -- ISBN 978-7-5167-6649-1

Ⅰ. TU204. 11

中国国家版本馆 CIP 数据核字第 2025CT6403 号

中国劳动社会保障出版社出版发行

（北京市惠新东街 1 号　邮政编码：100029）

*

三河市华骏印务包装有限公司印刷装订　　新华书店经销

787 毫米 ×1092 毫米　16 开本　14.25 印张　316 千字

2025 年 2 月第 1 版　　2025 年 2 月第 1 次印刷

定价：43.00 元

营销中心电话：400-606-6496

出版社网址：https://www.class.com.cn

https://jg.class.com.cn

前言

近年来，我国建筑行业进入了新的发展阶段。基于对当前建筑行业技能型人才需求及技工院校、职业院校教学实际的调研分析，我们组织开发了这套建筑类专业教材，分为“建筑施工”“建筑设备安装”“建筑装饰”和“工程造价”四个专业方向。教材的编审人员由教学经验丰富、实践能力强的一线骨干教师和来自企业的设计、施工人员组成。

在本次教材开发工作中，我们主要做了以下几方面工作：

第一，突出教材的实用性。在“适用、实用、够用”的原则下，根据建筑行业相关企业的工作实际和相关院校的教学需要安排教材结构和内容，设计了大量来源于生产、生活实际的案例、例题、练习题和技能训练，引导学生运用所学知识分析和解决实际问题，教材体系合理、完善，贴近岗位实际与教学实际。

第二，突出教材的先进性。根据当前建筑行业对岗位知识与技能的实际需求设计教学内容，贯彻新标准。例如，在相关教材中全面贯彻《混凝土结构施工图平面整体表示方法制图规则和构造详图（现浇混凝土框架、剪力墙、梁、板）》（22G101—1）和《建设用砂》（GB/T 14684—2022）等最新图集和国家标准，《建筑 CAD》以新版的 AutoCAD 软件作为教学软件载体等。此外，新材料、新设备、新技术、新工艺在相关教材中也得到了体现。

第三，突出教材的易用性。充分保证教材的印刷质量，全部主教材均采用双色或四色印刷，图表丰富，营造出更加直观的认知环境；设置了“想一想”和“知识拓展”等栏目，引导学生自主学习；教材配套开发了习题册参考答案和电子课件，可登录技工教育网（https://jg.class.com.cn）在相应的书目下载。

本套教材在编写过程中，得到了智能制造与智能装备类技工教育和职业培训教学指导委员会及一批职业院校的大力支持，教材的编审人员做了大量的工作，在此，我们表示诚挚的谢意！同时，恳切希望用书单位和广大读者对教材提出宝贵意见和建议。

编者

本教材共分为三章。第一章系统阐述了室内设计手绘效果图的作用、常用工具、表现形式及透视基本原理，旨在使初学者对室内设计手绘表现有一个系统的认知。第二章通过木材、布艺、石材、金属、玻璃等材质的单体家具实例，着重介绍各类室内常见材料的手绘表现技巧，以及室内常见单体家具的绘制步骤和表现手法。第三章深入介绍一点透视、两点透视、一点斜透视和光影空间手绘表现步骤和技巧，旨在教授学习者创造具有感染力的室内设计手绘效果图。

本教材还配有电子课件，帮助学生巩固所学内容，可登录技工教育网（https://jg.class.com.cn）在相应的书目下载。

本教材由胡嘉欣担任主编，凌云担任副主编，李维聪和罗丽萍参与编写。

第一章　概述 /1

第一节　室内设计手绘效果图的作用 /1
第二节　室内设计手绘效果图的构成要素 /11
第三节　室内设计手绘效果图的常用工具 /13
第四节　室内设计手绘效果图的绘画形式 /21
第五节　透视的基本原理与特征 /27

第二章　单体家具手绘表现 /33

第一节　木质单体家具手绘表现 /33
第二节　布艺单体家具手绘表现 /52
第三节　石材单体家具手绘表现 /69
第四节　金属单体家具手绘表现 /87
第五节　玻璃单体家具手绘表现 /104

第三章　空间手绘表现 /122

第一节　一点透视空间手绘表现 /122
第二节　两点透视空间手绘表现 /158
第三节　一点斜透视空间手绘表现 /187
第四节　光影空间手绘表现 /208

第一章 概述

本章知识点

- ◆室内设计手绘效果图的作用。
- ◆室内设计手绘效果图的构成要素。
- ◆室内设计手绘效果图的常用工具。
- ◆室内设计手绘效果图的绘画形式。
- ◆透视的基本原理与特征。

室内设计手绘快速表现是设计师利用手绘技巧迅速展现空间布局、家具摆放、材质质感和色彩方案等设计元素的方法，它强调即时性和直观性。与电脑辅助设计相比，手绘快速表现能够让设计师更加快速、直观地将设计构思转化为纸上的可视化图像，从而促进设计探索，同时便于与客户进行即时而有效的沟通。这种手绘能力对于室内设计师而言，是一项不可或缺的专业技能。

第一节 室内设计手绘效果图的作用

学习目标

能简单阐述室内设计手绘效果图在设计项目的不同阶段中所发挥的作用。

在室内设计中，手绘效果图在设计师、业主和施工方之间扮演着连接和沟通的关键角色。它在设计项目的不同阶段都发挥着不可替代的作用。

一、方案推敲阶段

室内设计手绘效果图对设计师而言，不仅是创意表达的媒介，更是思绪厘清与灵感捕捉的有力工具。通过手绘，室内设计师能够将抽象的设计概念变得可视化和具体化，从而更方便深入地探讨空间的细节、形态和氛围（见图 1–1–1 至图 1–1–4）。

图 1-1-1　平面布局推敲 1

图 1-1-2　平面布局推敲 2

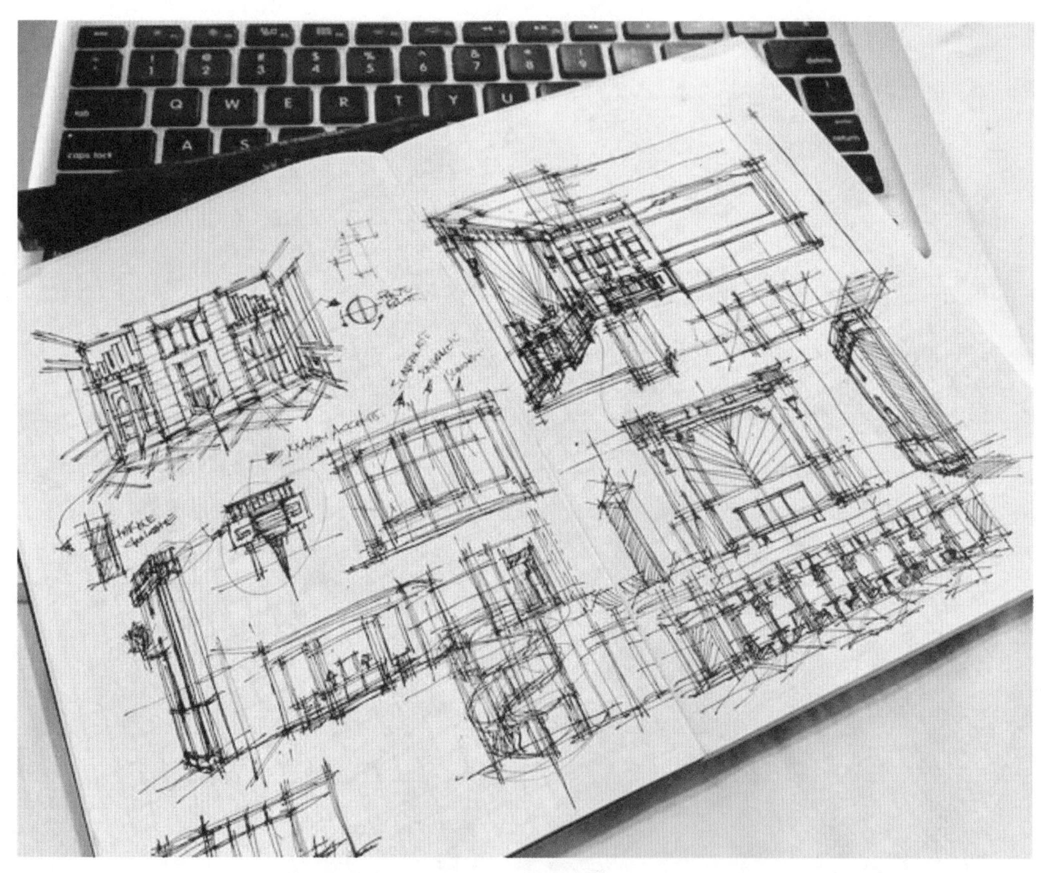

图 1-1-3　设计概念草图

图 1-1-4　整体空间效果图

此外，手绘效果图还为室内设计师提供了快速的设计验证手段。通过将不同空间设计方案快速表现在纸面上，设计师能够直观地进行比较、调整，并评估其在空间中的实际效果。这有助于室内设计师在设计初期发现并解决潜在问题，提升设计的质量和实用性。这一过程既是设计师的自我沟通，又是创意产生和设计演化的关键环节。

二、方案沟通阶段

手绘效果图在方案沟通阶段发挥着多重作用。首先，手绘效果图能够以生动的形式展现设计师的创意，帮助业主更好地理解设计的整体理念，从而实现双方更为直接且高效的沟通。其次，手绘效果图的可视化表达能够避免口头沟通中可能出现的误解，确保业主对设计方案的理解与设计师的意图一致。此外，手绘效果图的艺术性激发业主的审美情趣，增强他们对设计的情感共鸣，使业主更有兴趣参与设计讨论。最后，手绘效果图有助于设计师与业主建立更稳固的信任与合作关系，提高业主对设计方案的认可度（见图 1–1–5 和图 1–1–6）。

同时，手绘效果图作为一种有效的沟通手段，有助于提高设计团队的协同工作效率。通过手绘效果图，设计师能够清晰地向团队成员说明项目细节的调整方案，确保信息的准确传递，避免误解和遗漏，使团队成员能够正确理解并执行，有效提高方案的整体质量（见图 1–1–7 和图 1–1–8）。

图 1–1–5　直观生动的室内设计手绘效果图

图 1-1-6 富有艺术性的室内设计手绘效果图

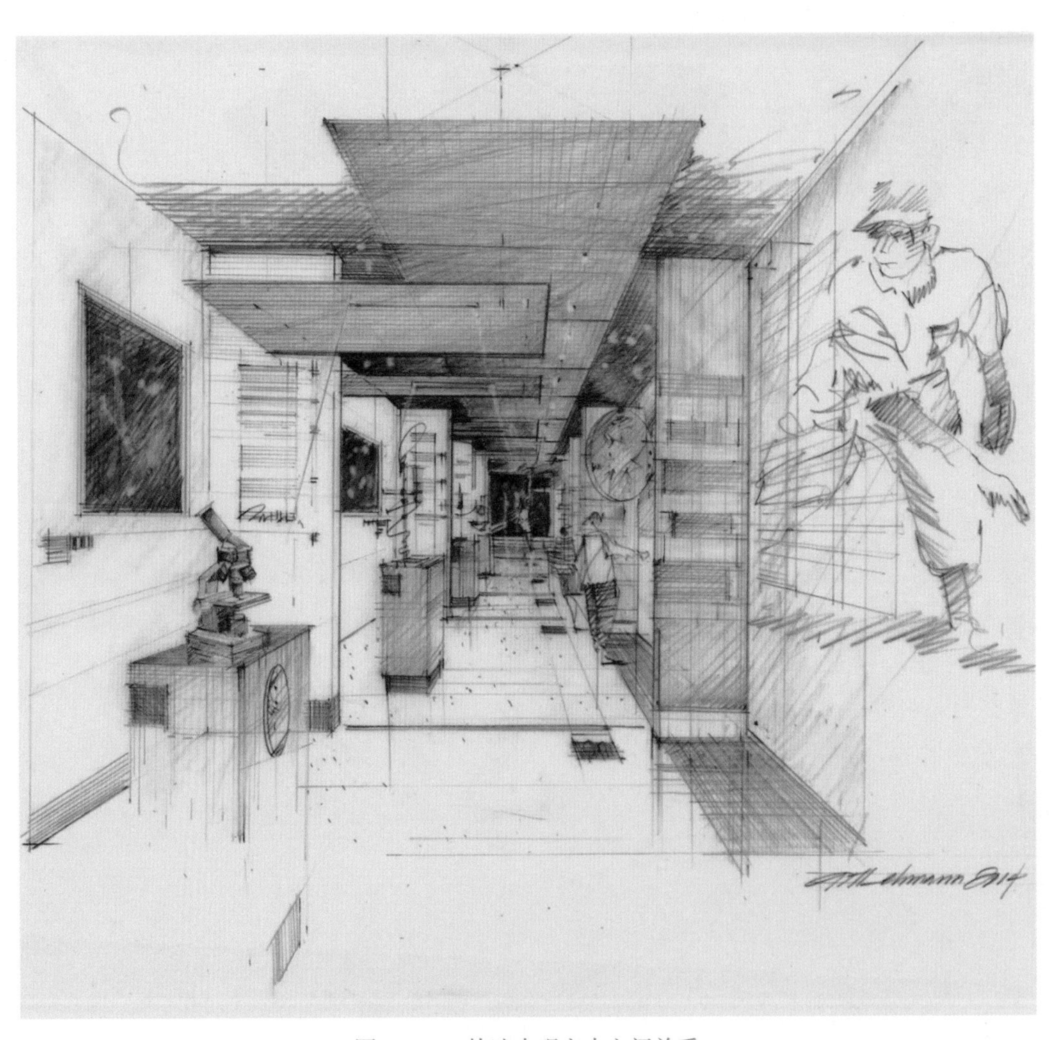

图 1-1-7 快速表现室内空间关系

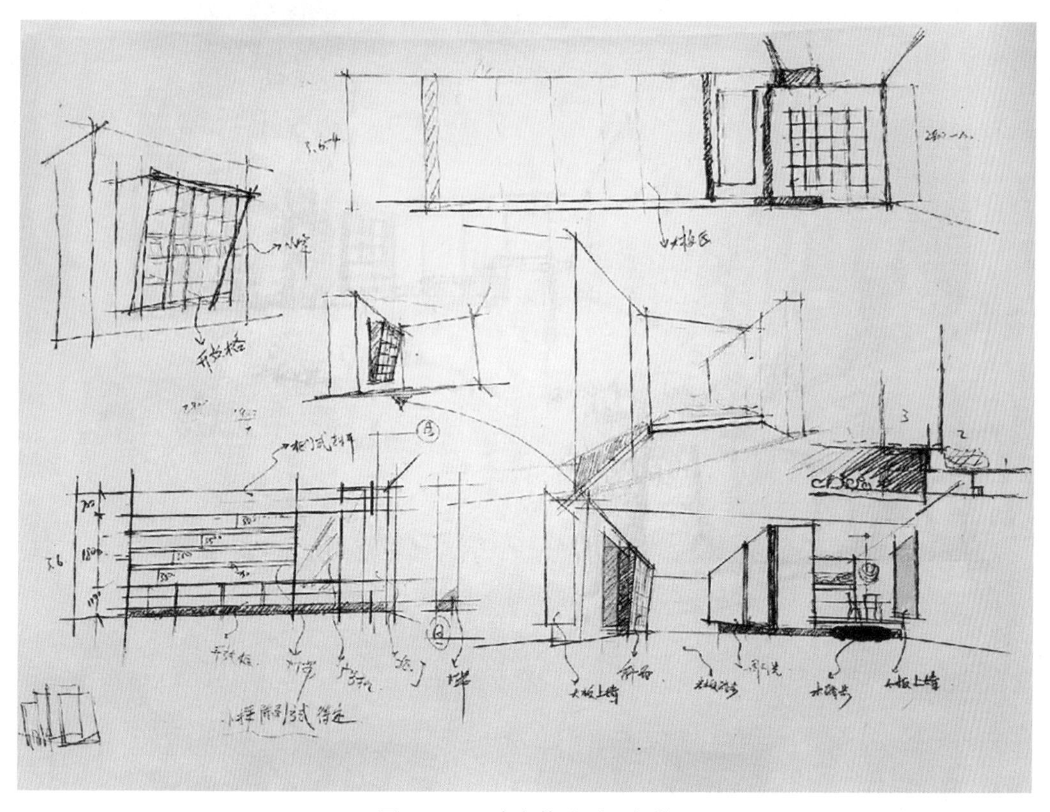

图 1-1-8 清晰传达项目细节

三、项目施工阶段

在项目施工阶段，室内设计手绘快速表现能够帮助设计师与施工方明确施工细节，有效推动施工进程，确保项目的顺利进行。在施工过程中可能会出现各种不可控因素，此时项目的施工细节可能需要做出相应的调整。手绘快速表现能通过快速的可视化呈现，帮助施工方更好地理解设计师的意图，从而更高效地管理工作流程。这有助于提高施工效率，降低施工成本，同时确保最终的施工结果符合设计标准。

这一阶段的手绘效果图以表明结构细节为目的，对图纸的规范性和尺度比例的准确性要求较高，需用线稿的形式快速表现不同材质（见图 1-1-9 至图 1-1-11）。这非常考验设计师对手绘技巧的掌握程度。

图 1-1-9　设计师在施工现场徒手绘制效果图进行沟通

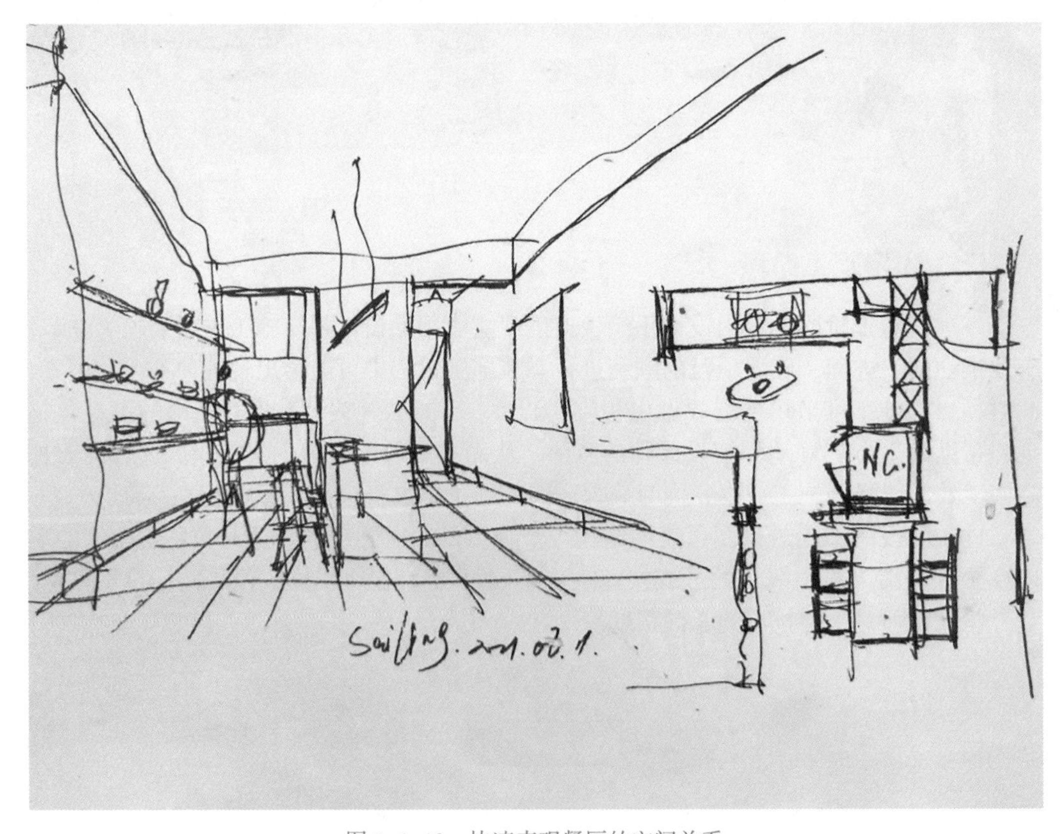

图 1-1-10　快速表现餐厅的空间关系

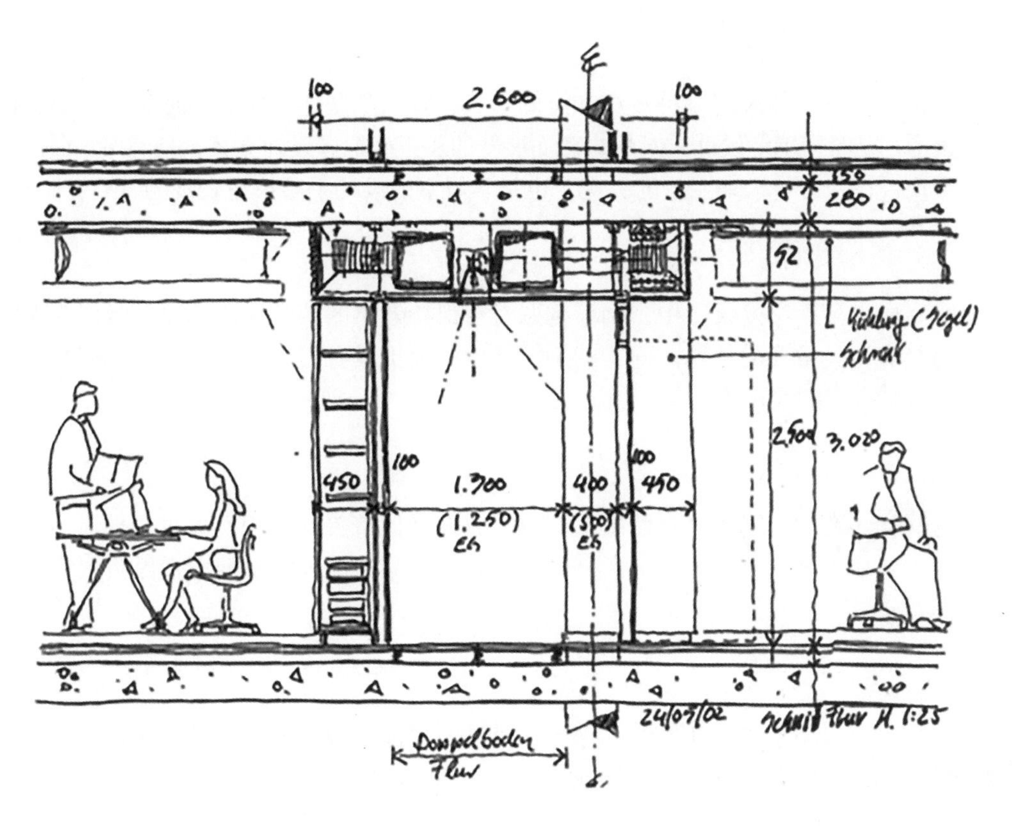

图 1-1-11　尺度比例准确的徒手制图

1. 室内设计手绘效果图在各个设计阶段都有哪些重要作用？
2. 室内设计手绘效果图在不同的作用下分别有什么特点？

第二节　室内设计手绘效果图的构成要素

学习目标

能复述室内设计手绘效果图的构成要素。

室内设计手绘效果图是一种直观而富有艺术性的表达方式，通过图像呈现设计师的创意和理念。室内设计手绘效果图的构成要素主要包括设计立意、画面构图、透视比例、线条、明暗和色彩。合理运用这些构成要素，有助于其更好地传达设计师的创意和理念，使观者更直观地体会设计方案的独特魅力。

一、设计立意

无论室内设计师采用哪种技法和绘画形式，画面所塑造的空间、形态、光影、色彩和氛围都是紧密围绕设计方案的立意而展开的。正确把握设计立意，是确保画面能够充分呈现设计宗旨与未来愿景的关键，也是学习室内设计手绘快速表现的首要着眼点。

二、画面构图

在室内设计手绘效果图中，画面构图对于保持效果图的整体协调以及吸引观者的注意力具有至关重要的作用。优秀的构图能使画面更具有层次感且富有艺术气息，从而提升设计方案的表现力。

三、透视比例

透视比例在创造真实且自然的空间效果方面发挥着关键作用。通过合理运用透视规律，可以使远近景物呈现合适的比例，使画面更具有深度，从而营造贴近真实的三维空间效果。

四、线条

线条不仅仅用于描绘建筑物和家具的外形，更能有效提升画面的审美韵味。借助线条的粗细与疏密分布，可以强调或弱化空间中的不同元素，从而创作具有独特意境的画面。

五、明暗

设计空间，就是塑造光与影的对话。在室内空间设计中，设计师会巧妙地运用光影，营造出富有层次感的空间氛围。在绘制室内设计手绘效果图时，合理布局光源与处理空间明暗关系，能有效突显空间的立体感和层次感，使整体画面更具有表现力和趣味性。

六、色彩

在室内设计手绘效果图中，色彩的运用是表现材质肌理、构建空间氛围和传达设计理念的重要手段。通过冷暖色调、色彩强弱对比等配色技巧，能够赋予空间独特的情感氛围，或柔和、或温馨、或明快、或冷酷。有效的色彩搭配能够精准地表达设计的核心主题，同时也为观者带来丰富且印象深刻的视觉体验。而巧妙运用色彩的纯度对比，能够引导观者的视线，使设计的焦点更为突出，突显设计重点和空间特色，并强化空间的层次感，使整体图像更生动。

室内设计手绘效果图的构成要素有哪些?

第三节　室内设计手绘效果图的常用工具

能选择适合自己的绘图工具。

一、常用纸类

纸应随作图的形式来选择，绘图者必须熟悉各种纸的性能。

1. 素描纸

素描纸纸质较好，表面略粗糙，易画铅笔线，耐擦，稍吸水，宜用于空间素描练习和彩色铅笔表现图绘制。

2. 水彩纸

水彩纸的正面纹理较粗、蓄水力强，反面纹理稍细。水彩纸纸质耐擦，用途广泛，尤其适合绘制细腻的手绘效果图。水彩纸适用于彩色铅笔、水彩和水粉渲染，但不适用于马克笔，常用规格为 4 开、8 开和 16 开。

水彩纸纤维强度高，不易因反复涂抹而破裂或起毛。根据纸质的不同，它可分为麻质和棉质两种。麻质水彩纸适合绘制精细的水彩手绘，而棉质水彩纸的吸水速度和干燥速度较快，适合水彩技法中的重叠表现。水彩纸的不足之处是画面会随着时间的延长而逐渐褪色。

3. 绘图纸

绘图纸纸质较厚，表面光滑，结实耐擦，色彩重叠时层次丰富，适宜画水粉画、钢笔淡彩画，以及用马克笔、彩色铅笔和喷笔作画。

4. 铜版纸

铜版纸表面白亮光滑，吸水性差，适宜用钢笔、针管笔、马克笔作画。

5. 复印纸

复印纸是初学者最理想的纸张，常用规格为 A3 和 A4。复印纸纸面光滑细致，适用于所有的设计用笔，吸水性适中，并且由于性价比高，非常适用于练习和推敲方案。

复印纸的纸张重量有 70 g、80 g、90 g 等规格，90 g 的复印纸更厚实一点，整体质感优于 70 g 的复印纸，价格也会比 70 g 的高。如果只是练习线稿的话，70 g 的复印纸也可以。不过综合考虑后期的上色练习、绘制手感和性价比，推荐 80 g 的复印纸。

6. 硫酸纸

硫酸纸的纸质半透明，且强度高，质地坚实、致密，适用于设计方案的平面和立面推敲。硫酸纸有 63 g A4、63 g A3、73 g A4、73 g A3、83 g A4、83 g A3、90 g A4、90 g A3 等多种规格。设计师经常把硫酸纸附在图纸上方绘制设计草图，或者将多张画有方案草图的硫酸纸重叠起来检查方案的合理性。

手绘初学者可以用硫酸纸来进行拷贝和临摹练习，以提高学习效率。

7. 马克笔专用纸

马克笔专用纸是进行手绘表现的最佳纸张，属于中性无酸纸，不会因为时间长而变黄，所以能让手绘作品长时间保存，其常用规格为A3和A4。

马克笔专用纸的厚度一般为250 g，纸质比普通的复印纸光滑，且受潮后不会变得不平整，非常适合马克笔和彩色铅笔的联合使用。和复印纸相比，马克笔专用纸的笔感更流畅，且笔触边界分明，色彩还原度高，没有色偏，在同一个位置多次涂画也不容易渗透到下一张纸上，手绘效果较好。其价格是90 g复印纸的3～4倍。

二、常用笔类

画笔的准备是绘制室内设计手绘效果图的首要条件，熟悉画笔的特性才可以在创作上有更大的发挥空间。

1. 铅笔

铅笔分为H、B、HB三个系列，H系列为硬质，B系列为软质，HB为中性。在绘制室内设计手绘效果图时，常用铅笔打底稿、定位基本透视，以及在设计过程中推敲方案的光影效果。

2. 中性笔

中性笔又称签字笔，是日常书写及手绘创作中的常用工具。其特点为线条流畅，粗细一致，性价比优越，非常适合初学者选用。中性笔的常见规格为0.5 mm。在室内设计手绘效果图的初学阶段需要进行大量线稿练习，中性笔的使用频率较高，因此不建议选购价格过高的产品。中性笔选购的关键在于手感舒适，出水流畅且不漏墨（见图1–3–1）。

3. 针管笔

针管笔和中性笔都属于线条粗细均匀的画笔。但中性笔绘制的线条粗细变化不丰富，而针管笔根据针管管径的大小能画出0.15～3.0 mm不同粗细的线条（见图1–3–2）。在设计制图时至少应备有细、中、粗三种粗细的针管笔。

针管笔的管径越大，出水量越大，使用寿命越短。在笔尖角度上，0.1～0.3 mm的针管笔没有要求，0.4 mm以上的针管笔由于出水量大，使用一段时间后需要纸笔垂直才能正常出水，在这一点上针管笔没有中性笔使用方便。

4. 钢笔

钢笔分为美工笔和书写钢笔，宜书宜画，使用方便快捷，是设计师速写、勾勒草图和快速表现的常用工具。

美工笔是专业的绘图笔，整体造型与书写钢笔相似，但笔尖弯曲（见图1–3–3）。美工笔根据笔头倾斜度和使用力度的不同能画出粗细不一的线条，因此用美工笔绘制的画面灵动而有变化，非常适用于钢笔线描淡彩表现。

图1–3–1　选择出水流畅且不漏墨的中性笔

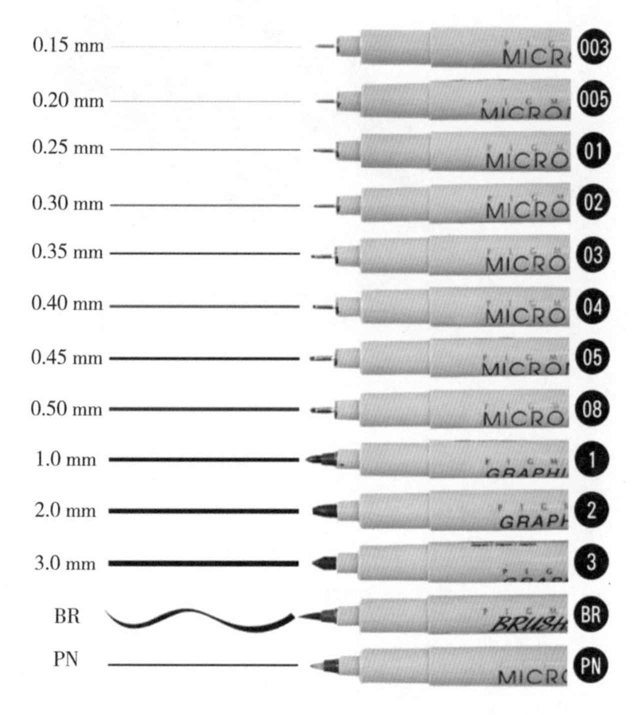

图 1–3–2　不同针管管径画出的线条粗细对比

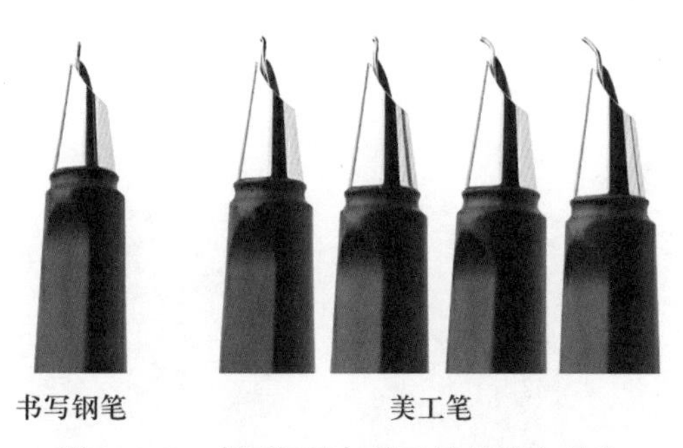

图 1–3–3　书写钢笔与美工笔的笔头对比

在选择美工笔时，需要注意三个方面——弯曲长度、弯曲角度和笔的重量。笔头的弯曲长度越大，线条的变化就越大。弯曲角度过小或过大会导致绘图不便。重量太重容易手累，重量太轻掌握感弱。一支好的美工笔弯曲长度最好是 2 ~ 3 mm，弯曲角度以 50° 为佳，笔的重心以不偏后为宜。

5. 圆珠笔

圆珠笔因其手绘效果的独特魅力而受到部分设计师的偏爱。通过调整力度、笔尖与纸面的角度，圆珠笔能够绘制出细腻且具有明暗变化的作品（见图 1–3–4）。圆珠笔的常见颜色是蓝色系列，规格包括 0.38 mm、0.5 mm 和 0.7 mm。需要注意的是，由于圆珠笔可能出现漏油现象，所以绘画过程中需及时清理笔尖油墨，以免影响画面整洁度。

图 1-3-4　圆珠笔富有特色的排线

6. 彩色铅笔

彩色铅笔是一款操作简单且比较容易掌握的绘画工具，画出来的效果类似于铅笔，颜色丰富，且能被橡皮擦擦去。彩色铅笔能单色购买，也有 12 色系列、24 色系列、36 色系列、48 色系列、72 色系列、96 色系列等套系。

彩色铅笔分为两种，一种是不溶性彩色铅笔（不溶于水），另一种是水溶性彩色铅笔（可溶于水），如图 1-3-5 所示。市场上销售的大部分彩色铅笔都是不溶性彩色铅笔，能通过颜色叠加呈现不同的画面效果，表现力强且价格便宜，是绘画入门的最佳选择。水溶性彩色铅笔碰到水后，色彩会晕染开，呈现水彩般的效果，其价格比不溶性彩色铅笔高 10%～20%。但由于水溶性彩色铅笔含有可溶解的颜料，所以不适合用于耐久性的作品绘制。

图 1-3-5　水溶性彩色铅笔与不溶性彩色铅笔的对比

彩色铅笔通过不同的削法会产生不同的笔触效果。用卷笔器削彩色铅笔又快又好，画出的线条统一，过渡细腻。用美工刀削彩色铅笔会产生凹凸不等的笔尖，随着角度

变化、回转能画出“有味道”的线条，适用于特殊材质的表现。

在选用彩色铅笔时，如果将其视为辅助上色工具，建议根据实际需求单色购买。常用的彩色铅笔单色包括黄色（灯光）、天蓝色（天空）、白色（提亮）及褐色（木纹）。

7. 马克笔

马克笔是现代室内设计手绘效果图表现中最常用的绘画工具，其色彩明快、使用便捷、适用面广泛，是初学者的首选画笔。

马克笔分为油性和水性两种。目前市场上的油性马克笔又称酒精性马克笔，传统油性马克笔中含有对二甲苯溶剂，长时间接触容易导致视力下降，甚至失明，所以后来改用酒精替代对二甲苯作为油性马克笔的溶剂。油性马克笔快干，耐水、耐光性好，颜色多次叠加不伤纸，适合快速表现。水性马克笔颜色亮丽，具有透明感，能做出类似水彩的效果，但多次叠加后颜色会变灰。室内设计手绘效果图多用双头油性马克笔，如图 1–3–6 所示。当手绘技法熟练后，可用大宽头马克笔对画面进行快速上色，市场上常见的大宽头马克笔笔头尺寸有 6 mm、10 mm、12 mm、20 mm 和 30 mm，如图 1–3–7 所示。

在配色上，各种色相都需要准备亮部、灰部、暗部三款颜色，其中灰色和棕色尤为重要。可根据自身需求选择单一色彩或购买商家搭配好的配色方案。如果购置预先搭配好的色彩组合，建议选择 48 色以上的方案，确保色彩表现更为丰富，画面过渡更加柔和。

8. 高光笔

高光笔（见图 1–3–8）是手绘创作中用于提升画面局部亮度的工具，通常在画作接近完成时使用，以提升画面效果及修补细微瑕疵。恰当使用高光笔能达到画龙点睛的效果，但需注意，高光笔并非修改液，不宜过度依赖。此外，高光笔不适用于彩色铅笔作品。也可选购白色丙烯马克笔作为高光笔应用。

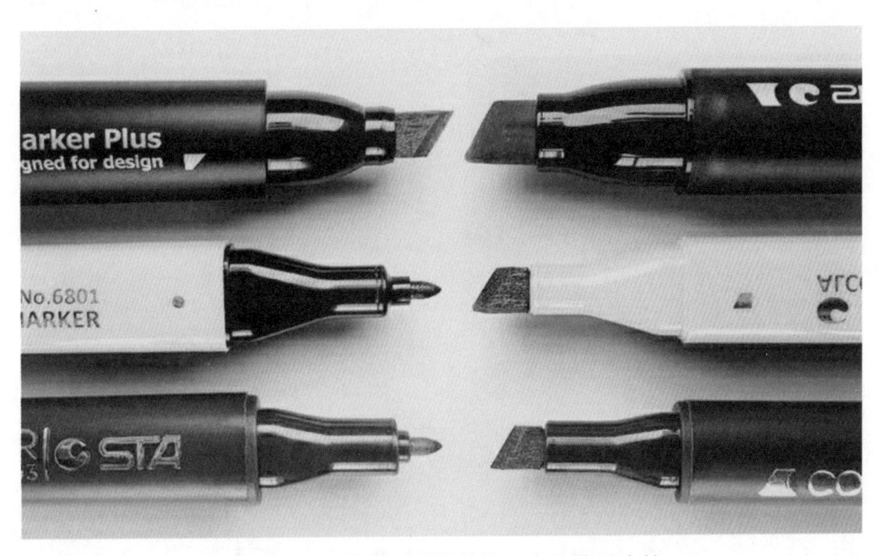

图 1–3–6　三种不同搭配的双头油性马克笔

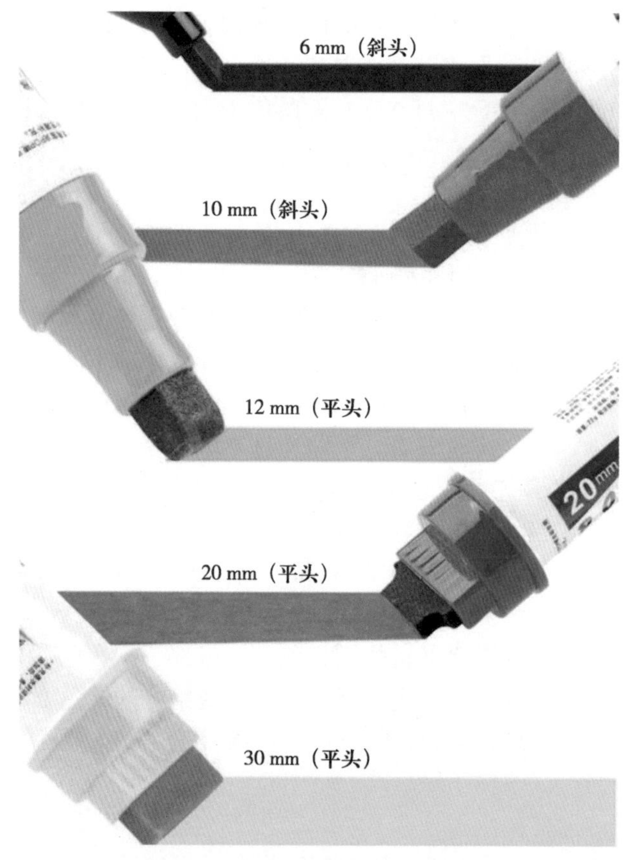

图 1-3-7　大宽头马克笔笔头的常见尺寸

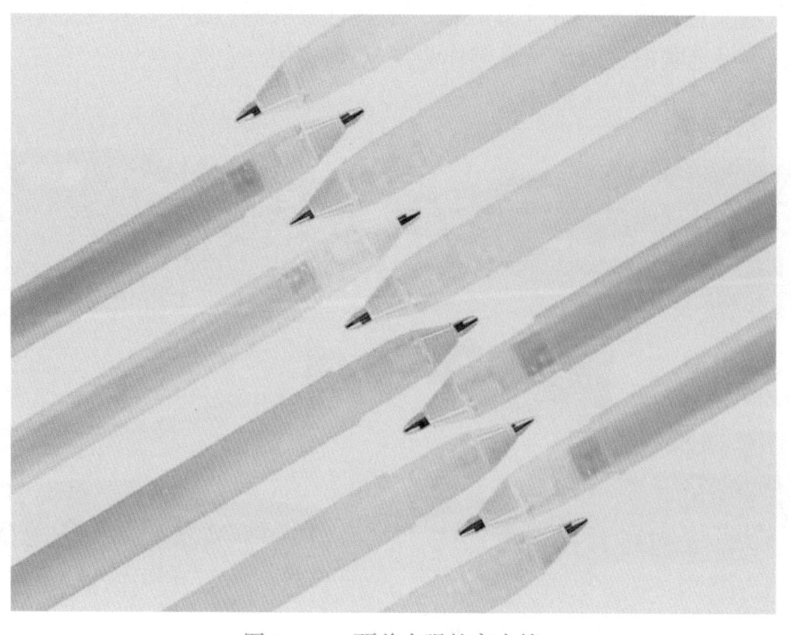
图 1-3-8　覆盖力强的高光笔

9. 水彩笔

水彩笔的毛以羊毫为主，柔软，蓄水量大。水彩笔可配合水溶性彩色铅笔和钢笔使用，分别用于彩色铅笔表现形式和钢笔线描淡彩表现形式。

10. 油画棒、蜡笔

油画棒、蜡笔这类笔均有排水性，巧妙利用可画出特殊效果，也可用于局部的提色、点缀。

三、常用辅助工具

室内设计手绘效果图绘制时常用的辅助工具有橡皮擦、平移尺、美工刀、色标、墨水等。

1. 橡皮擦

硬质橡皮能擦掉黑色铅笔和彩色铅笔，完成画面的局部修改，是室内设计手绘效果图必备的辅助工具。目前市面上有一种多角橡皮擦，一个橡皮擦上有多个尖角，便于擦除细节。

2. 平移尺

平移尺是一款实用的绘图辅助工具（见图 1–3–9），其内置滚轮的设计能显著提升绘图效率。尤其在需要绘制大量直线且需要精确尺寸控制的情况下，平移尺的优势更为突出。需要注意的是，在室内设计手绘快速表现中，尺子只作辅助用，不要过度依赖。

3. 美工刀

美工刀可用于削彩色铅笔，或给橡皮擦切出尖角，以便修改画面的细微处。

4. 色标

色标是每位绘画者都需要自行制备的颜色“索引”，以便在使用马克笔时快速获取所需要的色号。可将马克笔依据色相或编号顺序排列，分别在纸上绘制，并标明相应笔号，自制色标卡（见图 1–3–10）。

5. 墨水

市场上出售的墨水品种繁多，色泽艳丽，部分产品甚至添加了金粉成分。将这些墨水与美工笔搭配使用，能够为作品赋予更丰富的艺术表现力。需要注意的是，金粉容易导致美工笔笔尖堵塞，若长时间不进行清洗，可能导致笔尖出水不畅。

墨水分为防水和不防水两种（见图 1–3–11）。不防水墨水在遇水后会发生晕染现象，适用于呈现淡墨渲染效果。在使用墨水前，务必明确墨水的特性。

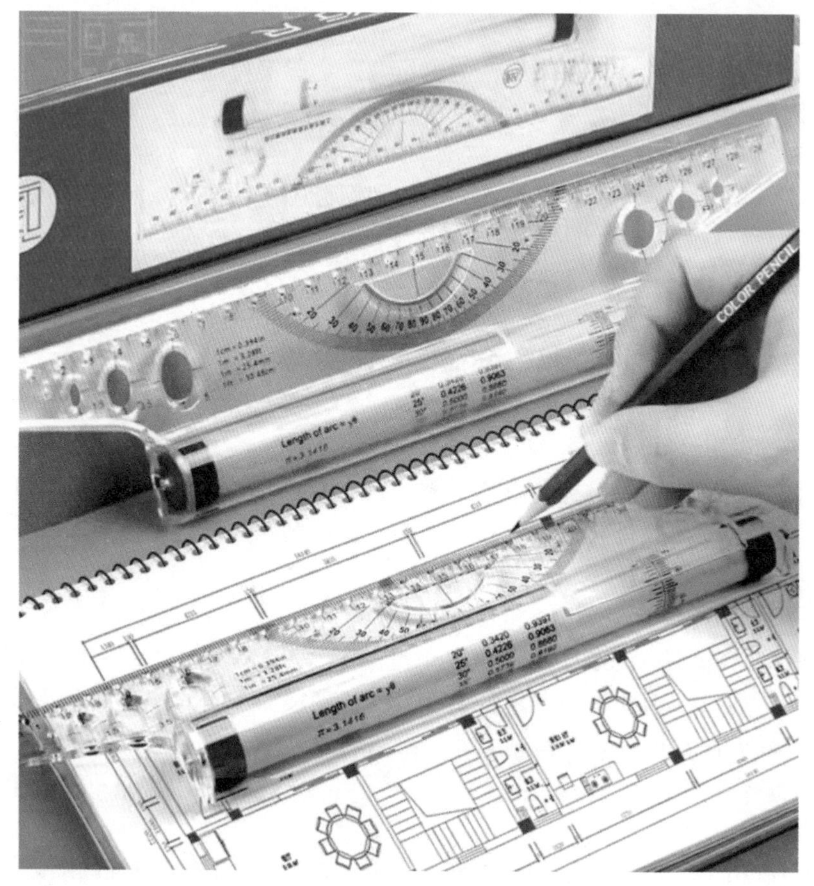

图 1-3-9　平移尺

W1	C1	ER1	EY1	Y1	G1	B1
W2	C2	ER2	EY2	Y2	G2	B3
W3	C3	ER3	EY3	Y3	G3	B4
W4	C4	ER4	EY4	Y4	G4	B5
W5	C5	ER5	EY7	Y5	G5	B7
W7	C6	ER7	EY102	Y6	G6	B8
W101	C7	ER8		Y101	G7	B101
W102	C101	ER102	R1	Y102	G101	B102
W103	C103	ER103	R2	Y104	G103	B104
W105	C105	ER105	R3	Y106	G104	B105
	C107		R4		G107	B107
	C201		R5	666	G204	B109
	C202		R6		G205	
	C203		R103		G206	
	C204		R105	V1	G302	
	C301		R107	V2	G303	
	C302			V3	G305	
	C303			V4	G307	
					GY1	
					GY2	

图 1-3-10　自制色标卡

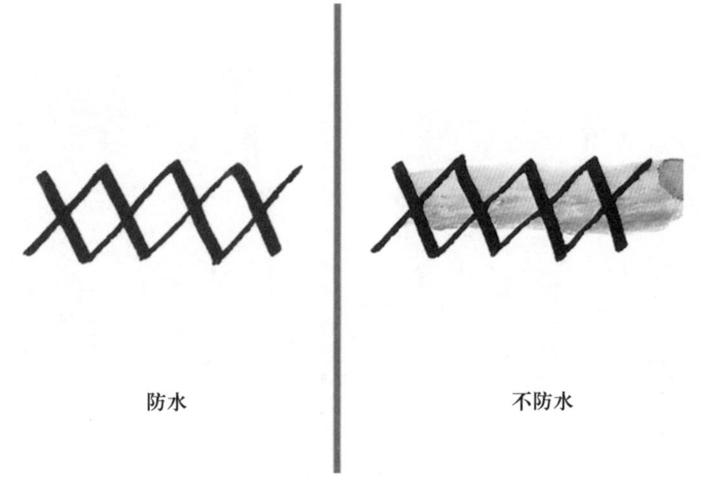

图 1–3–11 防水墨水与不防水墨水的对比

现场了解各种纸、画笔和辅助工具的特性，采购自己需要的绘图工具。

第四节 室内设计手绘效果图的绘画形式

学习目标

1. 能说出不少于 3 种室内设计手绘效果图的绘画形式。
2. 能简单阐述室内设计手绘快速表现的特点与优势。

手绘效果图领域有较多的表现技法，如铅笔素描表现、钢笔线描淡彩表现、马克笔表现、彩色铅笔表现、水彩表现、水粉表现、喷绘表现、综合表现和电脑辅助手绘设计表现等。这些表现手法各具特色，但它们都以光影、色彩、透视、构图等绘画知识为基础，是集科学性和具象性于一体的专业绘画形式。手绘效果图表现技法分为传统手绘表现技法和现代手绘表现技法两大类。

一、传统手绘的精细表现

传统手绘精细表现技法包括铅笔素描表现形式（见图 1–4–1）、水彩表现形式（见图 1–4–2）、水粉表现形式、喷绘表现形式（见图 1–4–3）等。

图 1-4-1　铅笔素描表现形式

图 1-4-2　水彩表现形式

图 1-4-3　喷绘表现形式

直到二十世纪九十年代初，手绘效果图依然是室内设计方案的最终表现形式。在没有电脑效果图的年代，行业对手绘效果图的准确度和精细度要求非常高，空间、材质、色彩需要被真实地表现出来，这十分考验设计师的综合能力。设计师要对整个空间有充分的认知和判断，并具备深厚的审美素养和精湛的手绘表现技能，才能画出优秀的手绘效果图。

传统手绘效果图风格写实，层次丰富，细节精致，质感逼真。要完成如此精细的传统手绘效果图，除了绘画时间长以外，还需要齐全的绘画工具和特定的绘画场所。因此，精细的传统手绘效果图随着科技的进步和行业需求的改变而被逐渐淘汰。

二、现代手绘的快速表现

当今行业竞争日益激烈，设计师在绘制室内设计手绘效果图时会很自然地选择快速的表现方式，随手可得的圆珠笔也能成为现代手绘的工具。现代手绘快速表现技法包括马克笔表现、彩色铅笔表现、电脑辅助手绘表现和钢笔线描淡彩表现等形式（见图 1–4–4 至图 1–4–7）。

图 1–4–4　马克笔表现形式

图 1-4-5　彩色铅笔表现形式

图 1-4-6　电脑辅助手绘表现形式（李维聪）

图 1-4-7 钢笔线描淡彩表现形式（史志方）

手绘快速表现要求绘画线条精练、结构准确、颜色生动，同时降低了对画面精细度的要求，旨在现场沟通时能够快速且明确地表达设计理念。采用快速表现技法创作的室内设计手绘效果图具有独特的魅力，其艺术审美价值丝毫不亚于精细的传统手绘效果图。同时，手绘快速表现技法让室内设计手绘效果图摆脱了工具和场地的束缚，赋予设计师更大的创作与沟通自由度，提升了实用性。

1. 传统手绘和现代手绘分别有哪些表现形式？
2. 手绘快速表现形式有哪些特点与优势？

第五节　透视的基本原理与特征

学习目标

1. 能简单阐述透视原理。
2. 能正确使用透视术语。
3. 能复述室内设计手绘效果图的三种透视类型。
4. 能说出室内设计手绘效果图的透视特征。

透视是一种绘画中常用的技法，是室内设计手绘效果图的构成要素之一。通过透视，室内设计师在平面上以三维的方式表达设计构思，为客户提供更为直观、清晰的设计展示。透视是经过科学验证的现象，室内空间中所有物体的距离、高低、大小及比例关系都会根据观察点和视线方向的不同，按照相应的透视规律产生变化。要在手绘中熟练运用透视，必须经过学习和实践，学会运用结构化的思维方式来分析每个物体的内在构造和空间关系。只有这样，才能真正理解并掌握透视的核心要领，提升手绘效果图的真实度。

一、透视的基本原理

“透视”一词源于拉丁文“perspclre”（看透）。最初，研究透视是通过一块透明的平面去看景物的方法，将所见景物描画在这块平面上，即成该景物的透视图（见图 1-5-1）。后来，人们把根据一定原理，在平面画幅上用线条来显示物体的空间位置、轮廓和投影的科学方法，称为透视学。

透视是一种绘制技巧，它是专门研究人的视觉规律在绘画中应用的科学，是所有绘画艺术表现的基础，也是学好室内设计手绘表现必须掌握的基本功。

图 1-5-1　透视的原理

画家最初通过什么方式研究透视?

二、透视图中常用的术语

1. 视点（EP）：观察者眼睛所在的位置。
2. 站点（SP）：观察者脚所在的位置，也是视点的水平投影。
3. 视高（H）：视点与站点间的距离。
4. 视平面（HP）：视点所处的水平面。
5. 画面（PP）：观察者与物体之间假设竖立放置的透明平面。
6. 视平线（HL）：视平面与画面的交线。
7. 视距（D）：视点到画面的垂直距离。
8. 中心视线（CL）：也称主视线，过视点作画面的垂线。
9. 心点（CV）：也称视心，中心视线和画面的交点。
10. 基面（GP）：物体所在的地平面。
11. 基线（GL）：基面和画面的交线。
12. 消失点（VP）：也称灭点，是直线上无穷远点的透视。
13. 消失线（VPL）：透视图中汇聚于消失点的直线。
14. 视线（VL）：视点和物体上任意一点的假想连线。
15. 目线（EL）：视线在画面上的正投影。
16. 足线（FL）：视线在基面上的正投影。
17. 量点（M）：视点到消失点间连线上的测量点，用来计算透视图中物体的长、宽和高。
18. 量线（ML）：便于测量透视长度的辅助线。

图 1-5-2 所示为透视示意图，图中标注部分透视术语。

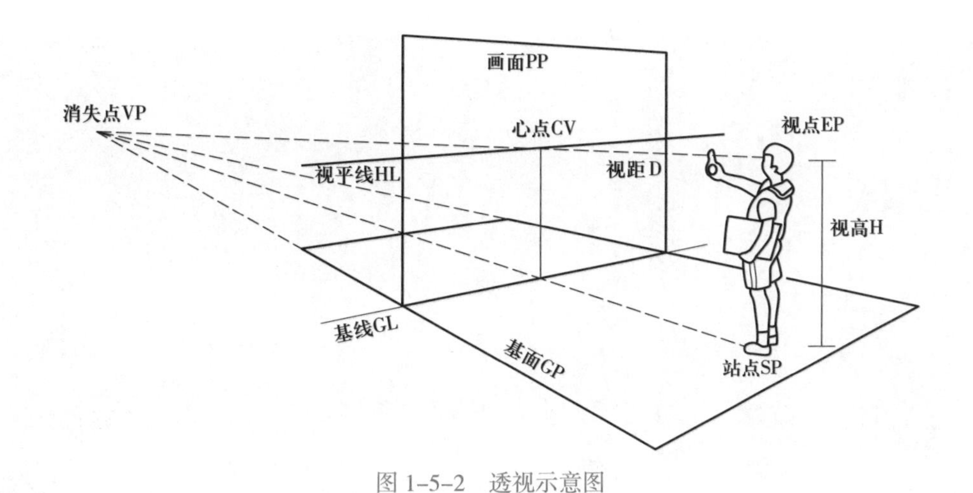

图 1–5–2　透视示意图

巩固与提高

尝试在日常场景中解释透视术语。

三、室内透视的基本分类

室内设计手绘效果图常用的透视方式主要分为一点透视、两点透视和一点斜透视（见图 1–5–3）。

一点透视主要用于呈现正对观察者的场景，其特点是所有水平线都平行，垂直线汇聚于一个消失点。两点透视适用于展示横向或纵向观察的场景，其中水平线仍然平行，但垂直线分别汇聚于两个不同的消失点。一点斜透视通过将透视点设在画面的一侧，使得水平线呈现轻微的斜角。

这三种透视方式为设计师提供了灵活的选择，让他们能根据不同的设计表现需求，呈现更具有立体感和真实感的画面效果。

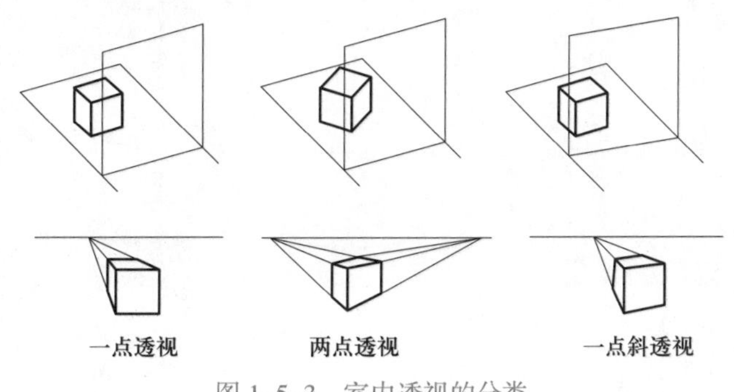

图 1–5–3　室内透视的分类

巩固与提高

1. 室内透视有哪些分类，它们有什么区别？
2. 请准确识别图 1–5–4 至图 1–5–6 的透视类型。

图 1–5–4　透视练习 1

图 1–5–5　透视练习 2

图 1–5–6　透视练习 3

四、透视的基本特征

基于透视学原理的室内设计手绘效果图有以下三个透视特征：

1. 近大远小、近高远低

根据透视学原理，观察者肉眼所观察到的物体大小会因为距离的远近而产生变化。当观察近处的物体时，它们会显得更大、更高；相反，当观察远处的物体时，它们则会显得更小、更矮。

2. 近宽远窄、近疏远密

根据透视学原理，观察者在观察一组处于相同距离的物体时，近处的物体间距在视觉上显得更为开阔，而远处的物体间距则显得更为紧凑。

3. 透视的消失感

在室内空间中的所有物体都遵循透视规律。当物体与观察者距离增加时，这些物体在视觉上逐渐汇聚于远方的某一点或两点，从而使观察者产生物体逐渐“消失”的错觉。此现象即为透视中的消失效应，而物体汇聚的点在透视学中被称为消失点（见图 1–5–7）。

图 1-5-7　透视的特征

巩固与提高

室内设计手绘效果图具有哪些透视特征？请结合图 1-5-7 进行解释。

第二章 单体家具手绘表现

本章知识点

◆木质单体家具手绘表现。
◆布艺单体家具手绘表现。
◆石材单体家具手绘表现。
◆金属单体家具手绘表现。
◆玻璃单体家具手绘表现。

优秀的单体家具造型能力和质感处理能力，有助于设计师在设计方案呈现过程中发挥自如。在本章中，我们将集中学习室内单体家具的手绘表现技巧。通过实战演练，借助五类常见的家具图例，深入学习单体家具的造型技巧，以及木材、布艺、石材、金属和玻璃等材质的手绘表现技巧。

第一节 木质单体家具手绘表现

学习目标

1. 能徒手画出不同角度的直线。
2. 能正确使用马克笔。
3. 能使用马克笔表现木纹肌理。
4. 能独立绘制实木柜。

一、直线运笔技巧

在室内设计手绘效果图中运用直线的地方比较多，如家具、空间结构等都需要用直线来表现。现代手绘的直线分为快直线和抖线。

直线是室内设计手绘中最常见的线条。要绘制出理想的直线，关键在于保持流畅、力度与速度感，同时避免拘谨犹豫。下笔时应迅速、轻盈、稳定，起笔有回笔，结束有停顿，确保运笔一气呵成，从而使所绘物体更具有张力（见图 2–1–1）。

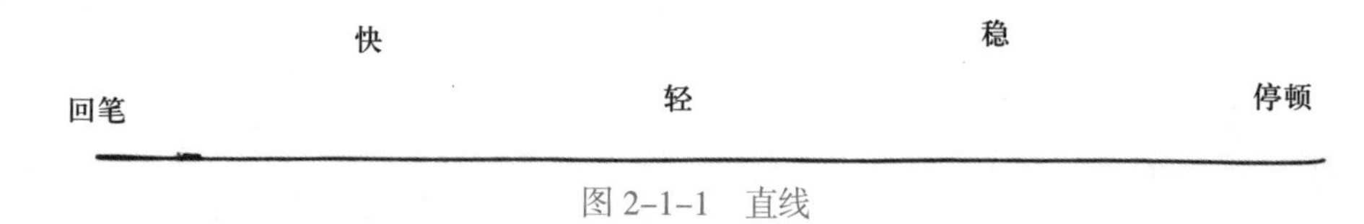

图 2–1–1　直线

1. 绘制技巧

（1）握笔时，手腕与指关节应保持放松，呈现自然书写的姿态。

（2）在绘制线条过程中，需运用手指、手腕、手臂及肩膀的协同力量，尤其在绘制长线条时，更需借助上臂的力量。

（3）在下笔前，先明确线条方向，可先通过拉动手臂寻找到合适的角度与感觉后再下笔，落笔时要果断坚定。

（4）起笔时需回笔，突出线头。行笔过程要保持快速、轻盈、稳定，收笔时稍作停滞，不必急于提起笔。以此绘制出的线条将富有力度且具有轻重变化。

（5）当线条需要延伸时，可在末端预留一段微小距离后再进行连接，以保持整体的流畅度（见图 2–1–2）。

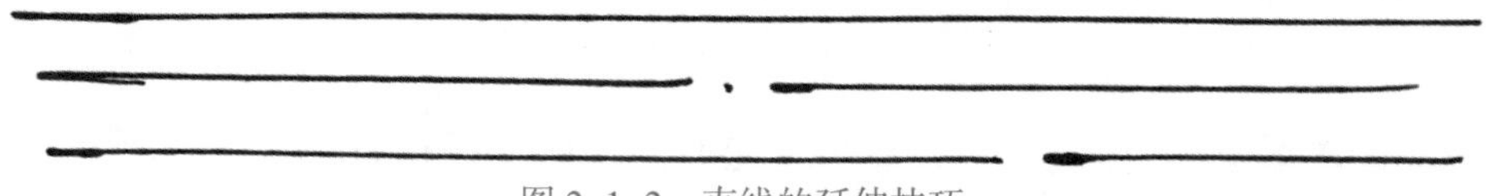

图 2–1–2　直线的延伸技巧

2. 容易出错的地方

直线绘制时容易出错的地方有以下几方面，如图 2–1–3 所示：

（1）指关节紧张，下笔过重，画线后触摸纸背可以感觉到明显压痕。这样的线条缺乏变化，所绘制的物体显得呆滞僵硬。

（2）绘制线条时，若姿势不正确，如手腕紧贴桌面，类似于圆规绘线般操作，画出的线条必然弯曲。同样，在绘制长直线时，若肘部固定，同样难以保持线条的直度。

（3）过分追求速度，缺乏控制，停笔即走，绘制的线条偏轻且飘，难以保持直线。

图 2–1–3　错误的直线

（4）下笔犹豫，小心翼翼，不敢拉长线条，像画素描那样拉线，导致线条粗糙，失去直线的力量感和速度感。

（5）线条画错了之后，频繁修正错误，使线条毛躁。

（6）两条线重叠，影响原线条的连贯性。

3. 练习方法

画出大概 20 cm 的正方形，注意正方形的横线和竖线相交于各自回笔的区域。在正方形中做横线、竖线、斜线的练习，每条线之间间隔大约 3 mm，以此锻炼对线条的控制力（见图 2–1–4）。

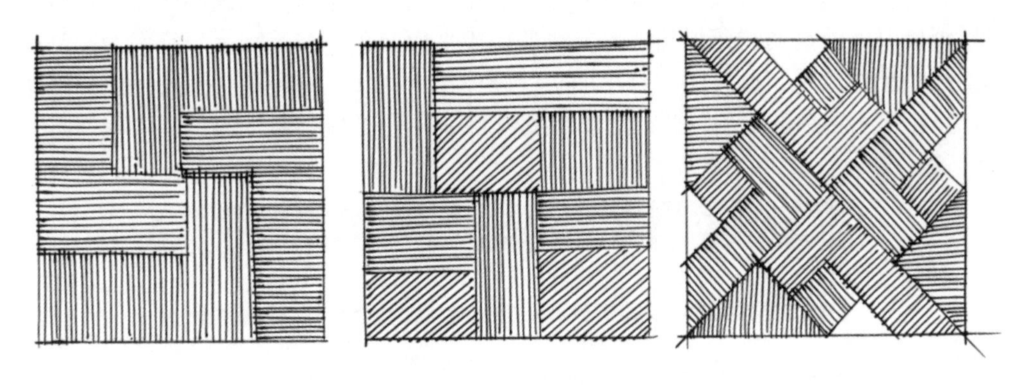

图 2–1–4　直线练习

在练习过程中，要关注运笔的感觉，保持匀速练习，如同切菜一般，逐步调整，找到将线条画笔直的运笔方式。然后，不断强化这种运笔的肌肉记忆。如果线条画得不理想，千万不要在原有的线上进行修正，而要在绘制下一条线时予以纠正（见图 2–1–5）。练习直线时要遵循循序渐进的原则，培养耐心，力求做到心到手到、心停手停。

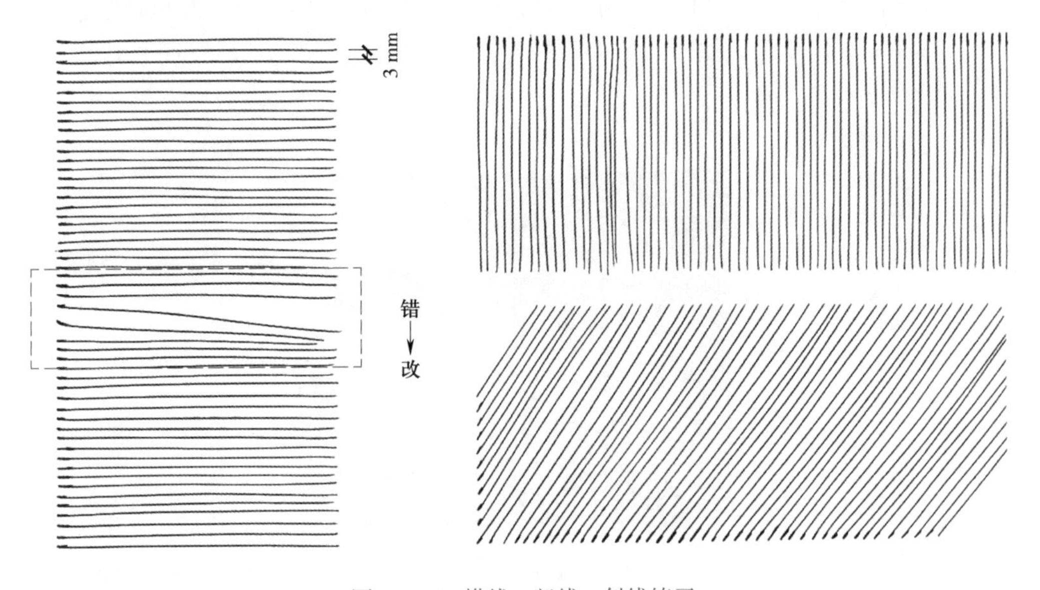

图 2–1–5　横线、竖线、斜线练习

1. 根据直线的练习方法展开练习。
2. 对比容易犯错的图例，检查自己的练习质量，并学着运用绘制技巧来改善。

二、马克笔运笔技巧

在进行手绘快速表现时，马克笔粗笔头的使用频率高于细笔头。通过控制握笔的角度、力度和速度，可以画出丰富的笔触变化，从而快速高效地完成作品。当粗笔头紧贴纸面时，绘制的线条最粗，此方法适用于平面涂色；将笔垂直于纸面，以侧锋绘出的线条粗细适中，此方法适合小面积绘画或作为过渡；利用笔头最短一侧，能够绘制出比小笔头更细的线条，此方法非常适合制作肌理效果（见图 2–1–6）。

图 2–1–6 马克笔笔触的大小

1. 马克笔笔触种类

（1）平移

平移是马克笔绘画中最常用的技法之一。要绘制出理想的平移效果，关键在于下笔果断、敏捷。在开始绘画前，可以先用笔头轻触纸面，确定平移的起始位置和走向。下笔时迅速、轻盈、稳定，从而使绘制的线条刚劲有力、色彩鲜明且通透亮丽（见图 2–1–7）。

图 2–1–7 平移

（2）斜推

斜推与平移相似，其主要区别在于笔头的倾斜角度。斜推绘制的线条较细且具有笔头角度，主要适用于处理具有锐角的位置，如透视地面（见图 2–1–8）。在下笔前，可轻触纸面，确定倾斜角度。

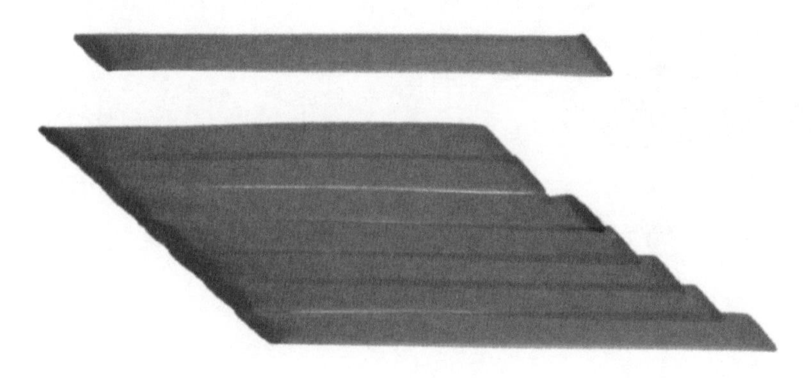

图 2–1–8　斜推

（3）飞笔

飞笔就是以极快的速度运笔，形成由深至浅的过渡效果（见图 2–1–9）。这种技法主要应用于画面中需进行过渡处理的部分。在绘制过程中，要注重收尾处理，避免笔触过于跳跃，留下过多的“尾巴”。同时，飞笔技法不宜过多使用，否则可能导致画面失去厚重感和力量感。

图 2–1–9　飞笔

（4）点

点笔触的运用能够为画面增添活力，也可以采用以点带面的手法描绘植物与天空。在绘画过程中，要保持稳定、自然的笔触，适时调整角度，从而画出活泼生动的景象（见图 2–1–10）。设计点的时候应根据画面的整体氛围进行适度点缀，避免随意乱点，使画面显得琐碎凌乱。

（5）干画法

随着马克笔使用时间的延长，其墨水量逐渐减少，当运笔速度较快时，笔触可能会变得干燥且粗糙（见图 2–1–11）。经验丰富的设计师会将这类马克笔保存下来，用以创作画面纹理。若没有这样的笔，可取下笔盖，让笔头挥发一段时间后再进行绘画，同样能呈现干燥的笔触效果。值得注意的是，对于已干燥至无法流畅绘制的马克笔，则不宜应用于干画法。

图 2-1-10　点

图 2-1-11　干画法

（6）湿画法

湿画法并非仅指使用含水量较高的画笔进行绘画，而是一种独特的绘制技巧的统称。相比于平移技法的逐笔进行，湿画法是采用"之"字形的方式快速涂抹。这种画法所呈现的笔触具有极高的柔润度，特别适合描绘柔软的物体，如织物等（见图 2-1-12）。值得注意的是，尽管湿画法的笔触非常柔润，但在运笔过程中务必保持流畅，避免出现晕染的情况。

2. 容易出错的地方

马克笔运笔时容易出错的地方有以下几方面，如图 2-1-13 所示：

（1）用力不均

第一类线条是初学者常犯的错误，主要是因为害怕，不敢下笔而导致用力不均。此外，马克笔因质量问题导致的笔头歪斜，也会引发运笔用力不均。可以在下笔前轻点纸面，如果察觉到笔头歪斜，应及时调整握笔角度，确保运笔流畅。

图 2–1–12　湿画法

图 2–1–13　马克笔的错误运笔

（2）犹豫不决

害怕出错及控笔能力不足是出现第二类线条的关键因素，主要体现在绘画过程中运笔滞缓或停滞时间过长。由此产生的笔触颜色较深，且笔触容易晕开，从而失去马克笔通透亮丽的特点。

（3）来回涂画

第三类线条表现为反复涂抹，是初学者常见的错误之一。这种运笔与湿画法产生的柔润效果不同，会导致画面出现“糊化”现象，从而减弱画面的明快感。

3. 练习方法

（1）“Z”和“N”运笔

“Z”和“N”的运笔通常出现在上色区域的 1/3 位置，这是马克笔在快速表现时处理色彩过渡或渐变的手法，多数情况下与平移技法相结合（见图 2–1–14）。在进行这种过渡时，应避免使用过多笔触，仅需一两条线即可，类似于“Z”和“N”的形状，过多的线反而会有画蛇添足的凌乱感。在“Z”和“N”运笔时，需注意笔触大小的变化，由粗至细，以呈现更好的过渡效果。

图 2-1-14 “Z”和“N”运笔

（2）单色渐变

马克笔的颜色是固定的，不能像水彩那样调色。然而，可通过同一支笔的多次叠加加深颜色，做出渐变效果。单色渐变叠加步骤如图 2-1-15 所示。

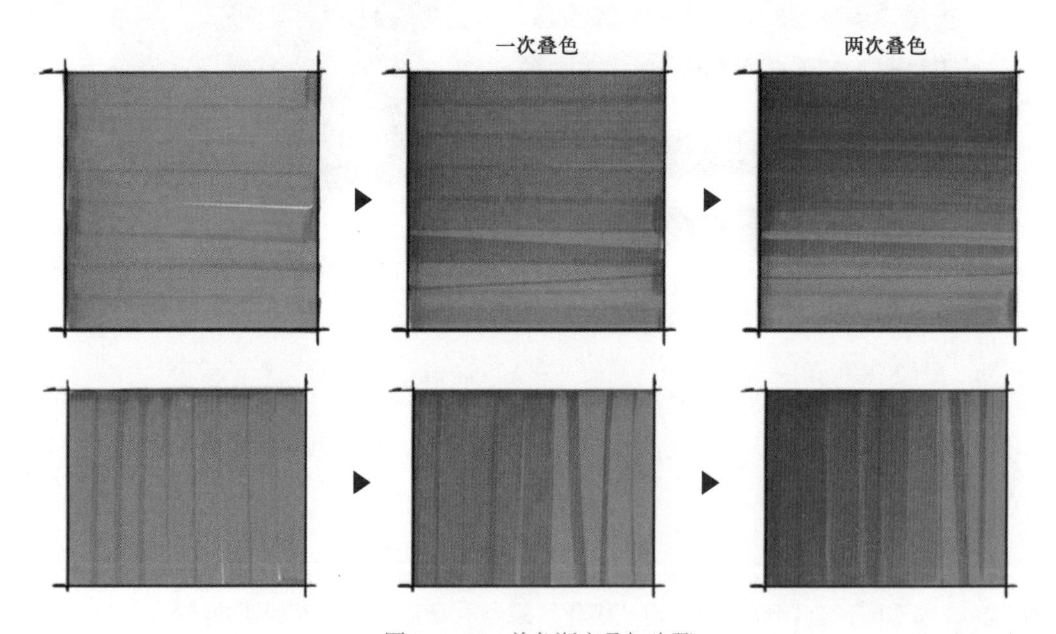

图 2-1-15 单色渐变叠加步骤

在有透视关系的平面上做渐变效果时，可以先用细线定好运笔方向再下笔，添加辅助线还有助于做出多种渐变效果。单色渐变的绘制技巧及渐变效果如图 2-1-16 所示。

（3）叠色渐变

单色渐变的对比较弱，如果需要更丰富的渐变效果，可使用 2 支以上的马克笔做叠色渐变。叠色渐变常见的类型如图 2-1-17 所示。叠色渐变的步骤与单色渐变相同。

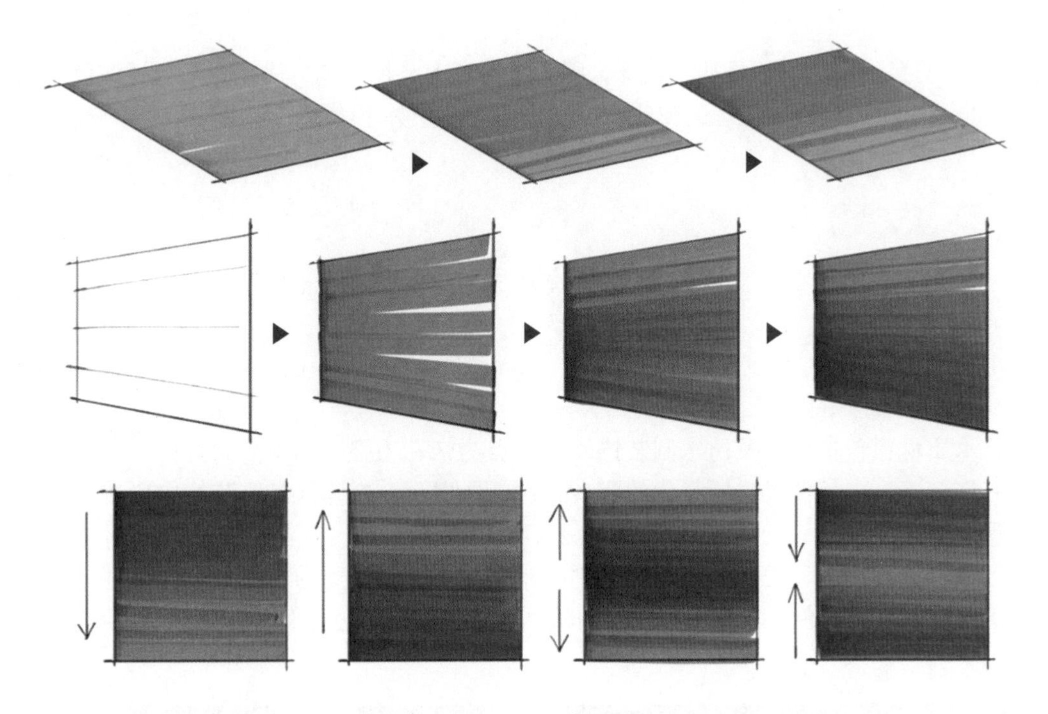

图 2-1-16　单色渐变的绘制技巧及渐变效果

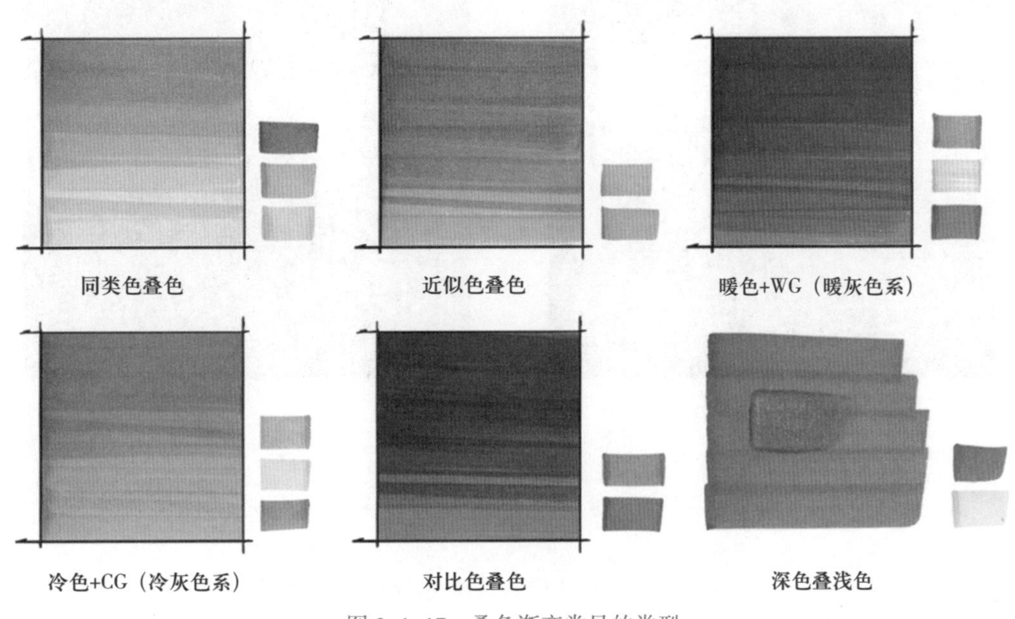

图 2-1-17　叠色渐变常见的类型

叠色渐变需要注意以下两点：

1）叠加的颜色必须是近似的：叠加纯度或明度加深的同类色、色相相似的近似色，或叠加同色调的灰色，如暖色叠加 WG（暖灰色系）、冷色叠加 BG（蓝灰色系）或 CG（冷灰色系），但绝不能叠加对比太强的颜色，如红色叠加绿色，这样叠色会让画面变脏。

2）叠色的顺序必须是从浅到深，因为在深色上叠加浅色，浅色会溶解掉深色，虽然这也是一种表现特殊肌理的技法，但出现在渐变中并不恰当。

在 6 cm × 6 cm 的方格里，根据马克笔的 3 种练习方法展开练习。

三、木质材料

1. 木质材料的特点

木质材料包括原木及仿木制装饰，其优点为亲和力强，加工简易方便。由于木材具有许多不可由其他材料所替代的优良特性，所以至今在建筑装饰装修中仍然占有极其重要的地位。

木材分为很多种类。在装饰中常用的是黑胡桃木，同类的木材其色泽纹理却不尽相同，有的是黑褐色，木纹呈波浪卷曲状，有的如虎纹，色泽鲜明（见图 2–1–18）。

图 2–1–18　黑胡桃木纹理

常用的桦木，其纹理常呈现为垂直条状，细而柔软，有时也会呈现为波浪状（见图 2–1–19）。

因此，在绘制木质单体时要仔细观察，注意木材的色泽和肌理特征，并对木质单体的形体进行分析，把握形体的结构关系，抓住木材本身具有的表面纹理，准确而形象地将木材自身的质感表现出来。

木材的质感主要是通过固有色和表面的纹理特征来表现的，要通过马克笔和彩色铅笔叠加几层后才能达到最终的效果。任何天然木材的表面颜色及调子都是有变化的，因此用色不要过分一致，应尝试有所变化。

图 2-1-19 桦木纹理

2. 木纹肌理的绘制步骤

在使用马克笔绘制木纹时，首先选择与木材质感相匹配的颜色，通常褐色系较为合适。然后，选择两种相近的颜色，一深一浅，以增强木纹的层次感。

（1）绘制一个边长为 6 cm 的正方形，在其中画出木地板图案（见图 2-1-20）。

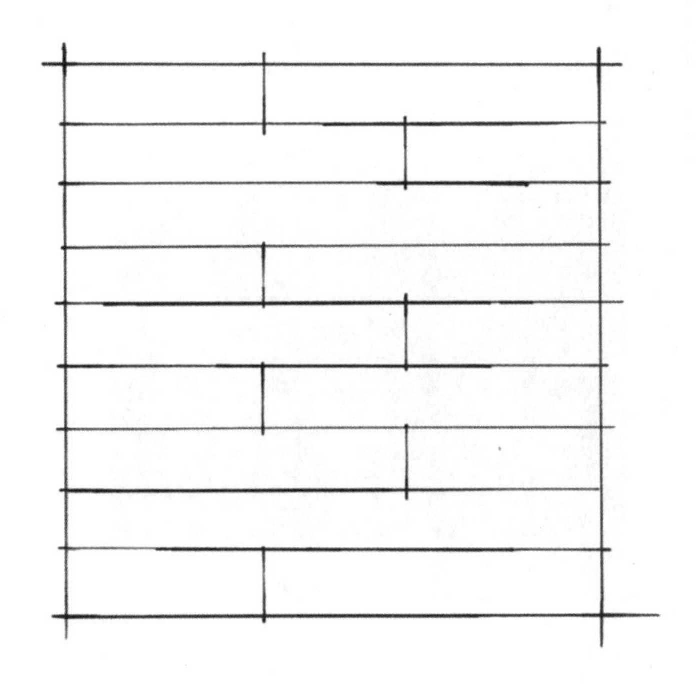

图 2-1-20 木纹肌理绘制步骤一

（2）用浅色的马克笔绘制一层基础底色，填充整个木材区域，这一步是为木纹创造一个统一的背景，使后续的纹理更为突出。注意要留出一些自然的缝隙（见图 2-1-21）。

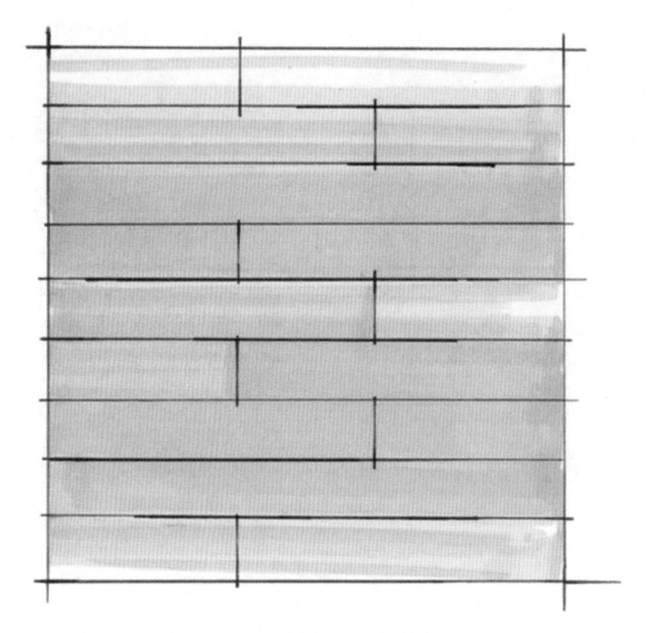

图 2–1–21　木纹肌理绘制步骤二

（3）等第一遍颜色干透后，采用深色进行叠加，以增加色彩的丰富程度（见图 2–1–22）。

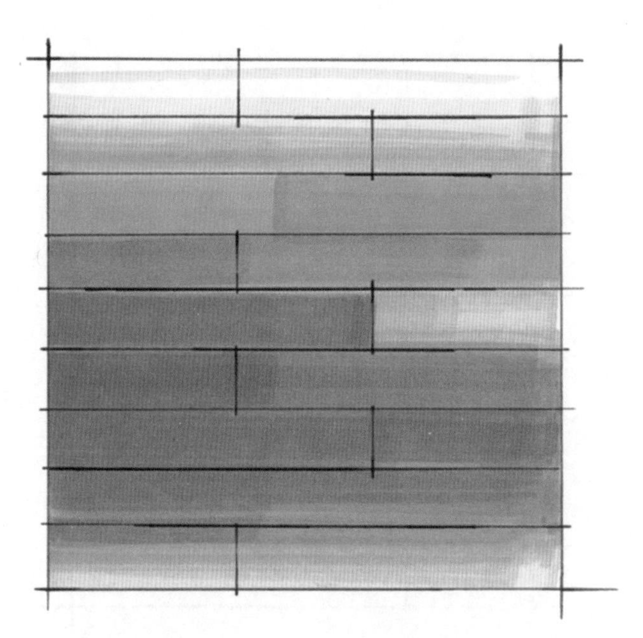

图 2–1–22　木纹肌理绘制步骤三

（4）使用深色马克笔在木材表面绘制主干纹理，通常是用一些细长的线条和细小的斑点来呈现，不要让它们过于规则，因为自然木纹往往有些曲折和不规则（见图 2–1–23）。

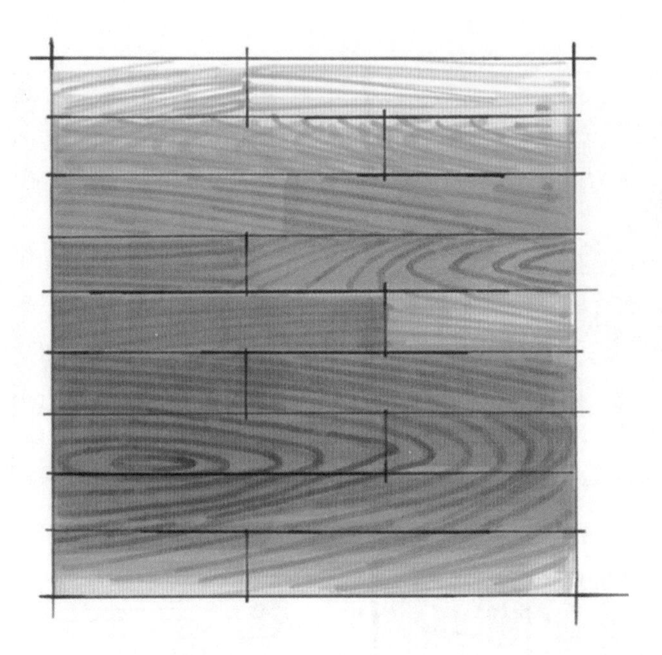

图 2-1-23　木纹肌理绘制步骤四

（5）使用高光笔勾勒出木地板的高光区域，并使用黑色笔进行强调，以增强其质感和层次感（见图 2-1-24）。

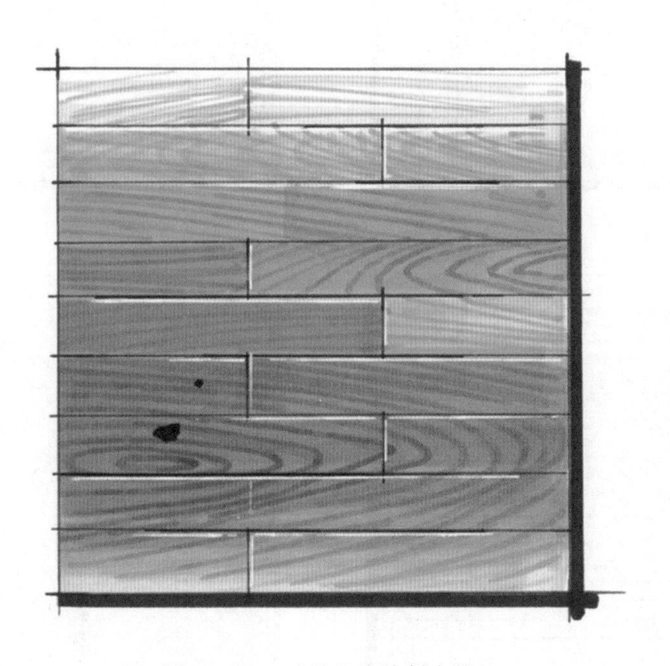

图 2-1-24　木纹肌理绘制步骤五

3. 木纹肌理图例

木纹肌理图例如图 2-1-25 所示。

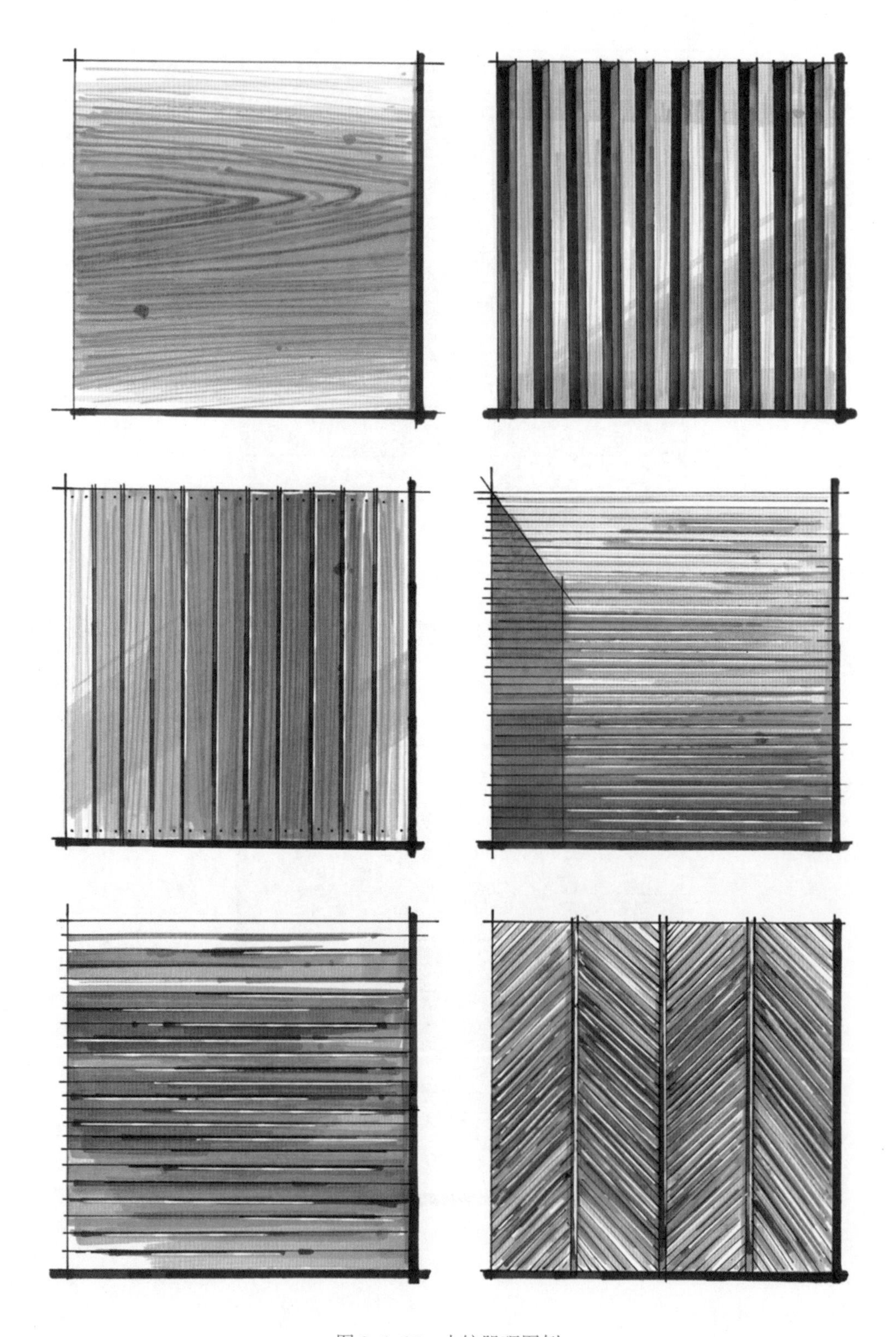

图 2–1–25　木纹肌理图例

1. 在边长为 6 cm 的正方形中，绘制木纹肌理。
2. 临摹木纹肌理的图例。

四、木质单体家具

1. 木质单体家具的表现技法

（1）透视表现

对于物体结构的透视表现，主要有平行透视和成角透视两种。根据物体的不同特征选择不同的透视原理进行绘制，达到透视表现精准、角度选取美观的目的。同一个物体的透视表现形式有多种，最终的效果也不同。

（2）形体结构和线条表现

表现木质单体家具形体结构时，线条运用是关键。粗线条勾勒主要轮廓，强调整体形态；细线条刻画细节和纹理，展现木材质感。在绘制过程中要保持线条流畅，粗线条稳定有力，细线条精细柔和。在处理木质单体家具的明暗关系时，应结合线条的粗细变化来增强立体感和层次感。例如，在绘制暗面或阴影部分时，使用加粗的线条来强调阴影的厚重感；而在绘制亮面或高光部分时，则使用细线条来展现亮面的光泽和细腻质感。

（3）细节表现

当绘制完木质单体家具的形体结构后，应着重关注其款式细节和木纹肌理的表现。绘制前要仔细观察家具的设计元素，如腿部造型、抽屉拉手、装饰线条等，并使用准确的线条来刻画这些特征，以展现其款式的独特魅力。木质单体家具的木纹肌理是其独特之处，要使用马克笔的细线条或彩色铅笔来模拟木纹的方向和肌理，以增强木质单体家具的细腻感。

（4）着色表现

木材质感较为朴素、温和，在选择马克笔时，应避免使用鲜艳色彩，建议选择色调偏灰的颜色。木质单体家具的基础底色应选取比木材原色浅一号的色调，再通过单色叠色或深一号的颜色叠加，增强其立体感。绘制暗面时，应使用 WG 进行叠加，以丰富家具的色彩层次。

2. 实木柜的绘制步骤

（1）绘制基础形状

绘制实木柜的造型，注意抽屉的透视关系。在绘画过程中，要确保线条有粗细变化，受光面和反光面采用细线条表现，暗面则以粗线条强调，为后续的细节描绘奠定基础（见图 2–1–26）。

图 2-1-26　实木柜绘制步骤一

（2）铺底色

在选择马克笔时，应选取比木材原色浅一号的色调，为实木柜涂抹一层基础底色。在上色过程中，需注意实木柜的明暗对比，通过叠色技巧初步区分实木柜的各个面，并可适当运用飞笔技法使颜色过渡更为自然。根据实际情况，可选用深一号的马克笔对实木柜的暗面进行加重描绘，以增加实木柜的色彩层次（见图 2-1-27）。

图 2-1-27　实木柜绘制步骤二

（3）提升立体感

在底色的基础上，使用深色的马克笔进行适度叠加，以增强实木柜的立体感。绘

制时，务必仔细观察实木柜的结构，明确明暗关系，避免随意涂画。在此阶段，应避免使用鲜艳色彩，选择色调偏灰的马克笔或使用 WG 进行叠加，以丰富实木柜的色彩层次（见图 2-1-28）。

图 2-1-28　实木柜绘制步骤三

（4）绘制木纹肌理

使用深色的马克笔绘制木纹肌理，并用高光笔描绘细节和边缘（见图 2-1-29）。

图 2-1-29　实木柜绘制步骤四

3. 木质单体家具图例

木质单体家具图例如图 2–1–30 和图 2–1–31 所示。

图 2–1–30　木质单体家具图例一

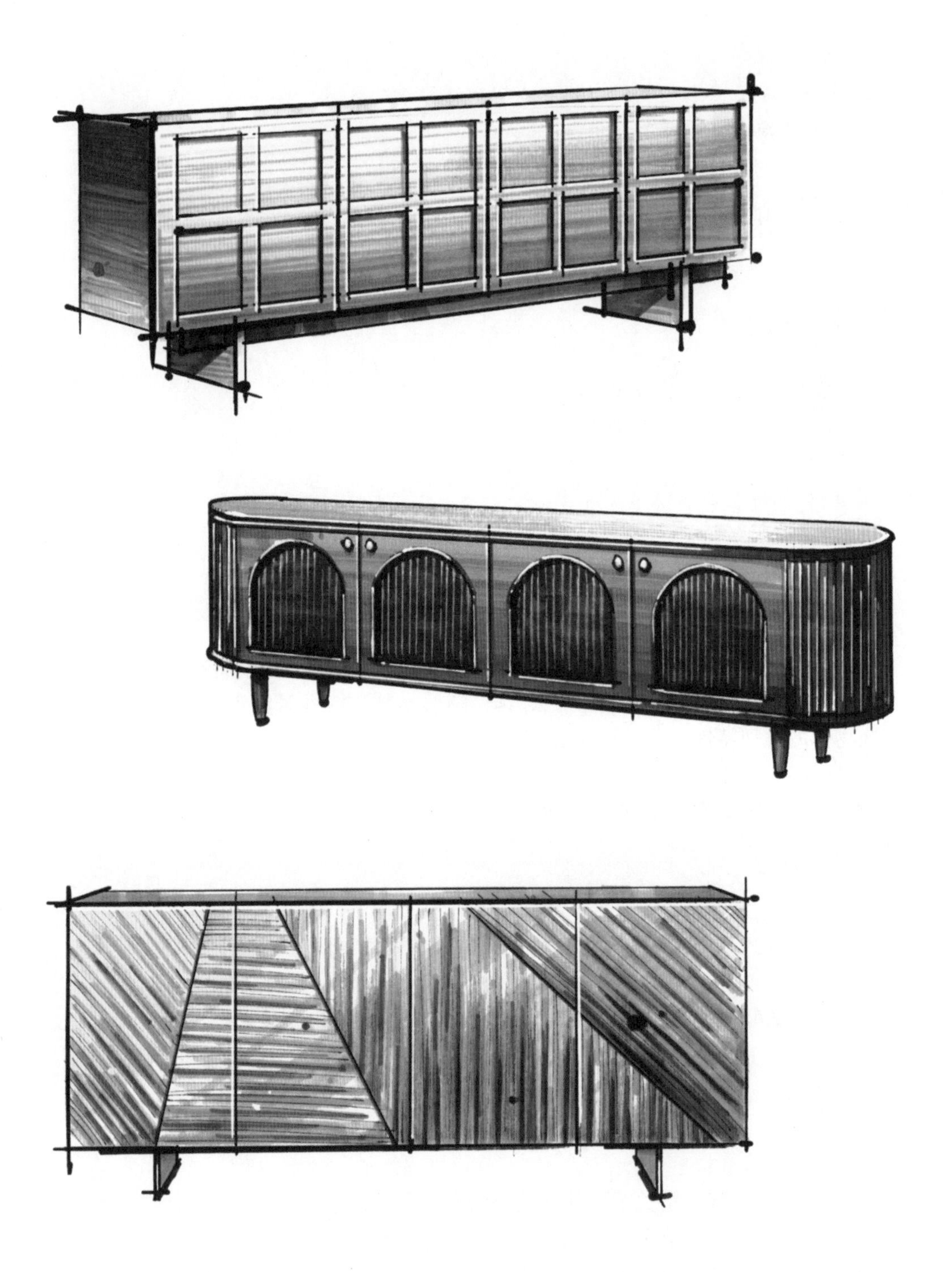

图 2-1-31　木质单体家具图例二

1. 根据步骤分析和绘制技巧，完成实木柜的绘制练习。
2. 临摹木质单体家具的图例。

第二节 布艺单体家具手绘表现

学习目标

1. 能徒手画出 3 种曲线。
2. 能独立绘制靠枕和软包。
3. 能用马克笔表现布纹肌理。
4. 能独立绘制布艺单人沙发。

一、曲线运笔技巧

在室内设计手绘表现中，曲线的运用能够显著增强画面的表现力。曲线独特的节奏感、韵律感和运动感，使得植物、灯具、圆形家具和摆件等元素更富有生命力。根据不同物体的表现特性，曲线可以分为 m/w 曲线、大曲线和小括号曲线。

1. m/w 曲线

m/w 曲线的运笔借鉴了字母 m 和 w，主要使用在盆栽、室内景观和投影的表现上（见图 2–2–1）。

m

w

图 2–2–1　m/w 曲线

（1）绘制技巧

1）握笔时，手腕与指关节应保持放松状态，自然握笔。

2）下笔需稳定，行笔过程中保持匀速，且笔触紧密。

3）当感觉手部疲劳时，可先暂停片刻，待手部疲劳缓解后，根据接点技巧继续绘制（见图 2–2–2）。

图 2–2–2　m/w 曲线的接点技巧

（2）容易出错的地方

m/w 曲线运笔时容易出错的地方有以下几方面，如图 2–2–3 所示：

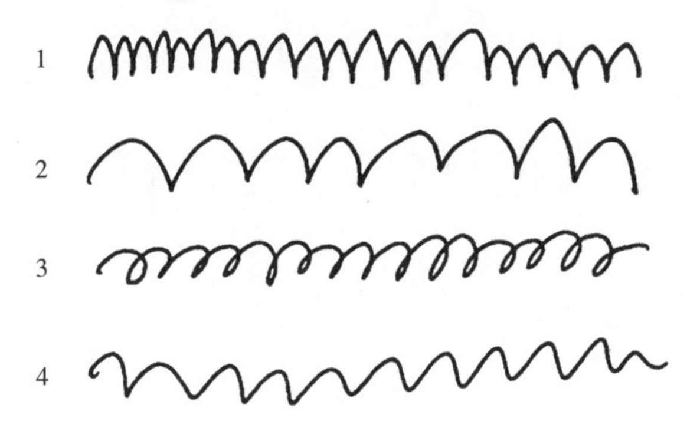

图 2–2–3　错误的 m/w 曲线

1）指关节紧张，下笔过重，从而导致绘制出的线条缺乏感染力。

2）各弧线之间的间距过大，不够紧凑。

3）绘制速度过快，导致线条呈现电话线状。

4）未能突出尖头，使得线条呈现波浪状。

（3）练习方法

根据 m/w 曲线的用途，分别展开水平运笔、圆弧运笔和投影填充的练习（见图 2–2–4）。

1）沿画纸长边，分别以字母 m 和 w 为基准水平运笔，每个字母的运笔大致 3 ~ 5 行，寻找适宜的运笔频率，并尝试暂停和接点。

2）使用字母 m 和 w 的运笔绘制直径约 3 ~ 5 cm 的圆，注意行笔频率，避免画出波浪线，尝试暂停和接点。

3）画出高度不超过 1 cm 的平行线，使用字母 m 或 w 的运笔进行填充，要保持匀速，避免留白或超出长方形区域，以此锻炼耐心。

2. 大曲线

在室内设计手绘创作中，经常会遇到带有 S 曲线元素的装饰物品，如花瓶、装饰灯等。在绘制这类物体时，通常会将 S 曲线拆分为多个大曲线，以便在可控制范围内展现出流畅且收放自如的视觉效果。

（1）绘制技巧

1）在运笔过程中，手腕与指关节应保持放松，心态平和，自然握笔。

水平运笔

圆弧运笔

投影填充

图 2-2-4　m/w 曲线的练习方法

2）将 S 曲线划分为多个大曲线，预先估算各段曲线的弧度和距离。若觉得难度较大，可在曲线起始和结束位置用笔轻点定位。

3）起笔时稍作停顿，行笔过程要求灵巧、轻快，收笔时轻盈提笔，避免在纸上过多停留。

4）在开始画下一段曲线时，注意处理好两段曲线的衔接关系，使线条具有连贯性。如果有定位，下一段曲线应在上一段曲线结束定点上起笔（见图 2-2-5）。

（2）容易出错的地方

大曲线运笔时容易出错的地方有以下两方面，如图 2-2-6 所示：

1）手腕不放松，握笔太紧张，画出的曲线不够轻盈流畅。

2）两段曲线连在一起，破坏了整体的流畅性。

（3）练习方法

如图 2-2-7 所示，采用多段大曲线进行绘制，以笔触轻盈的方式展现整体流畅效果。在绘制过程中，务必注意相邻两条曲线的起笔与收笔应错落有致，以呈现优美的曲线效果。

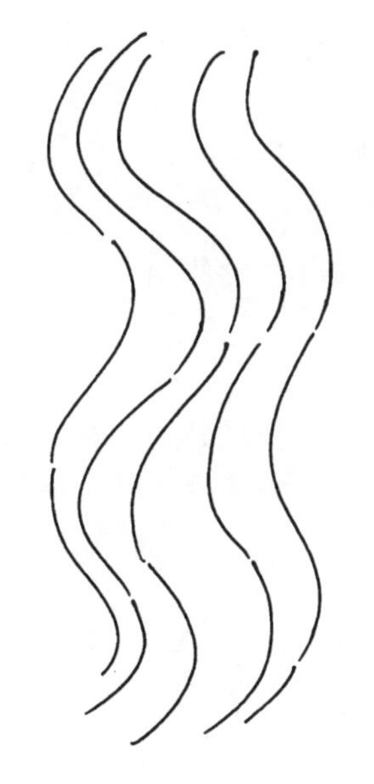

图 2-2-5　曲线的接点技巧

图 2-2-6　错误的曲线

图 2-2-7　曲线练习

3. 小括号曲线

在室内设计中，大型的球形物品并不常见，但小型的球形装饰物却是不可或缺的元素，如灯饰、圆镜和艺术品等。在绘制圆时，可以采用两笔完成的方式，运笔要流畅、自然，如同书写括号一样。通过这种方式，可以绘制出饱满、充实的圆（见图 2-2-8）。

（1）绘制技巧

1）手指关节保持松弛，握笔姿势应自然舒适。

2）心情平静放松，预估球体的大小。如果觉得难度大，可以在球体的顶部和底部各点一个点作为定位参考。

图 2-2-8　圆的画法

3）在书写过程中，指关节要施加适当的力度，运笔动作要轻盈流畅，像书写括号一样。收笔时不要停顿，要一气呵成。

（2）容易出错的地方

小括号运笔时容易出错的地方有以下几方面，如图 2–2–9 所示：

1）指关节过于紧张，导致所绘制的圆显得生硬。

2）括号弧度的绘制过于圆润或不够圆润，使圆显得不够饱满。

3）收笔时未能妥善控制，致使两条弧线交会。

（3）练习方法

根据图 2–2–10，采用小括号的方式进行小、中、大圆的练习。在练习过程中，要关注起笔与收笔的衔接，避免出现交叉线条。最终完成的练习作品应呈现出如同一条饱满的珍珠项链般的视觉效果。

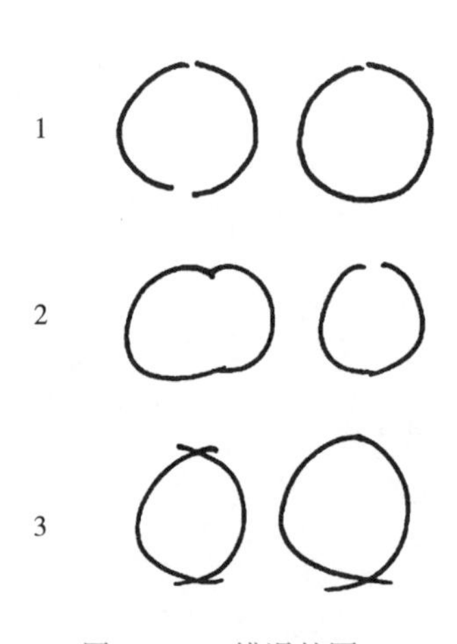

图 2–2–9　错误的圆

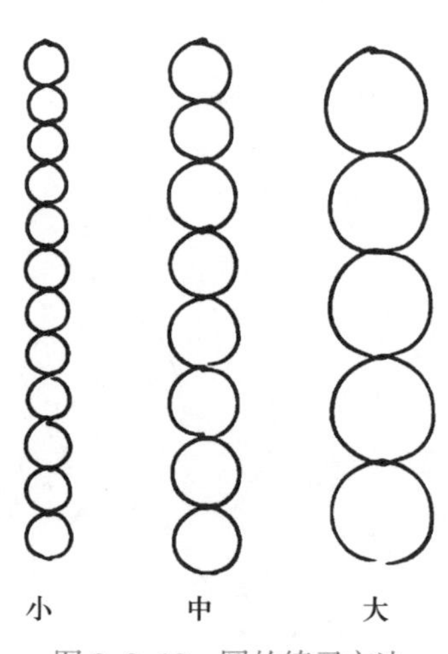

图 2–2–10　圆的练习方法

1. 根据 m/w 曲线、大曲线和圆的练习方法展开练习。

2. 对比容易犯错的图例，检查自己的练习质量，并根据绘制技巧进行改善。

二、靠枕与软包绘制技巧

1. 靠枕

靠枕的基本形状是方体（正方体或长方体）。靠枕由于内部枕芯的支撑，使其呈现中心隆起、四角外凸的结构特征，其透视关系与方体保持一致（以正方体为例，见图 2–2–11）。

靠枕的绘制步骤如下（见图 2–2–12）：

（1）首先根据靠枕的形状确定其尺寸比例，要保持线条流畅、弧度自然。

（2）绘制顶部的布纹褶皱，要准确把握透视关系，以及线条间的前后遮挡。

（3）绘制靠枕的另一侧，着重展现其膨胀感，注意近大远小的透视表现。

（4）完成靠枕形体的绘制，在画侧面褶皱时保持轻松随意，避免过于平均统一。

（5）绘制投影和压点，注意投影的分布要有疏密变化。

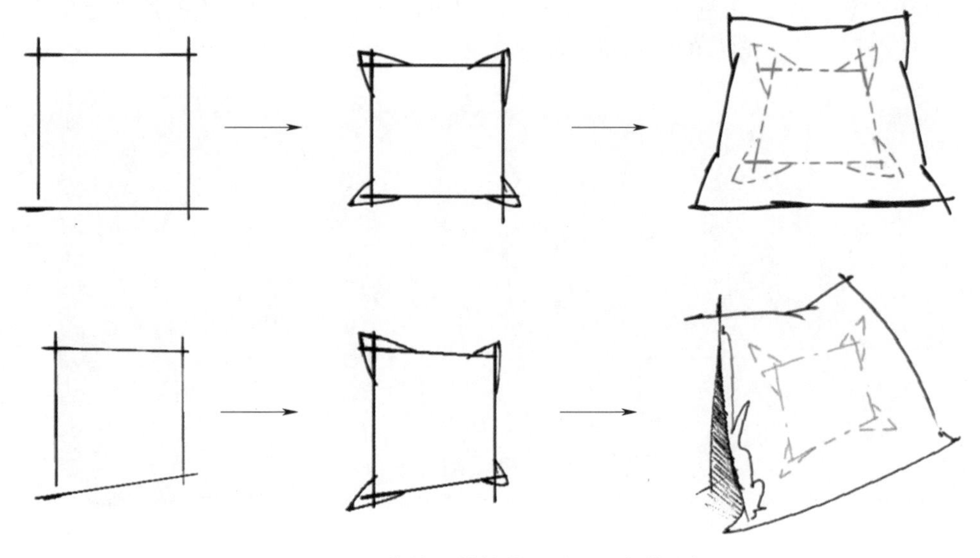

图 2–2–11　靠枕的结构特征（以正方体为例）

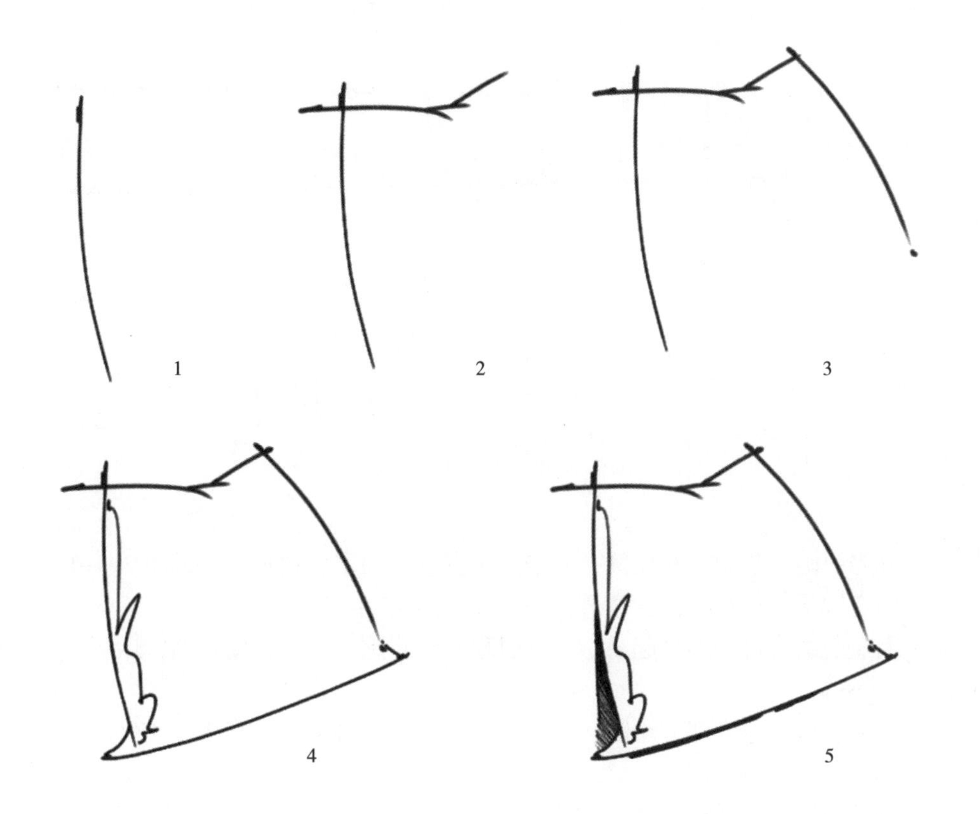

图 2–2–12　靠枕的绘制步骤

2. 软包

软包是一种室内装饰方法，是在平面上使用柔性材料进行装饰性包裹的一种工艺。菱形软包是软包中的经典款式，是通过钉子固定柔软的材料来形成菱形的外观。在室内设计手绘表现中，软包的重点在于平面上点的透视定位，只要点的透视定位准确，就已经成功了一半。软包的结构特征如图 2–2–13 所示。

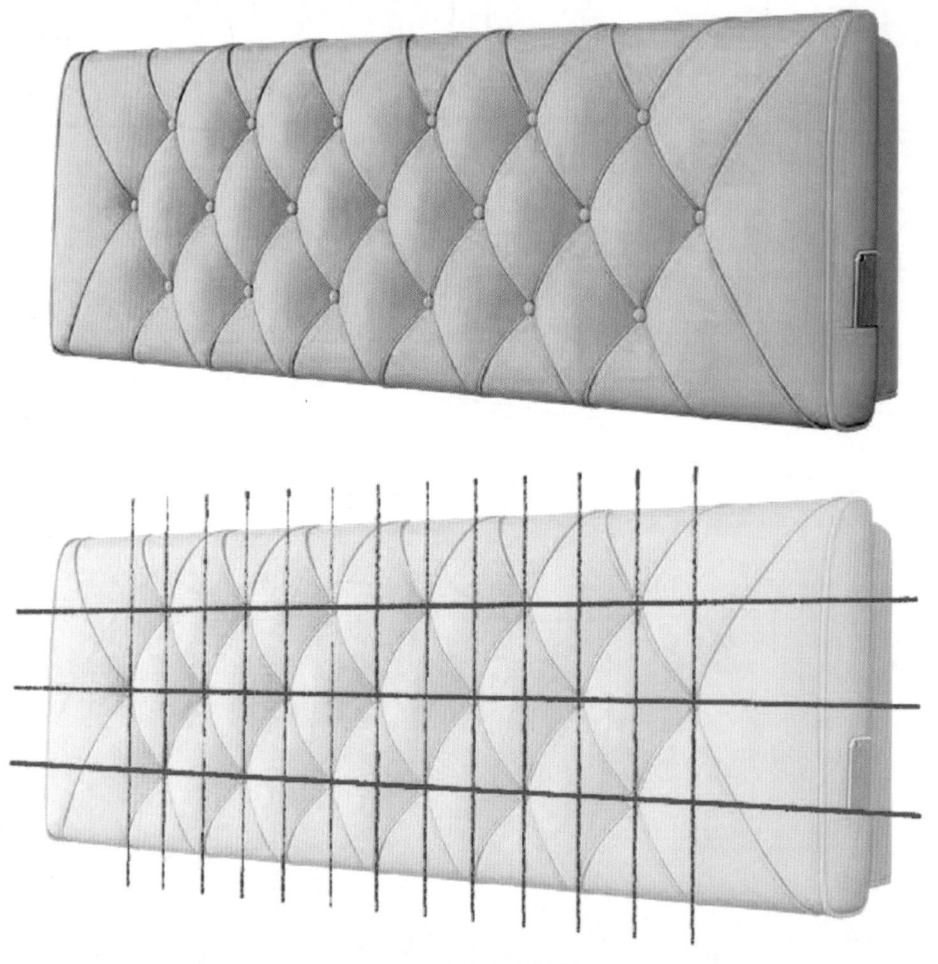

图 2–2–13　软包的结构特征

（1）绘制步骤

1）首先明确软包的尺寸比例，并采用定点方法确定软包宽度（见图 2–2–14）。

2）确定钉子的位置，要注意透视关系（见图 2–2–15）。

3）用短曲线将钉子连接起来，着重展现其膨胀感，确保弧度自然，运笔保持放松（见图 2–2–16）。

4）完成软包的边缘部分绘制，并注意透视与遮挡关系（见图 2–2–17）。

（2）容易出错的地方

软包绘制时容易出错的地方有以下两方面：

1）软包过于膨胀或干瘪。

2）曲线与钉子直接相连，导致整体效果显得较为生硬。

（3）软包的绘制技巧

软包的绘制技巧如图 2–2–18 所示。

图 2-2-14　软包绘制步骤一

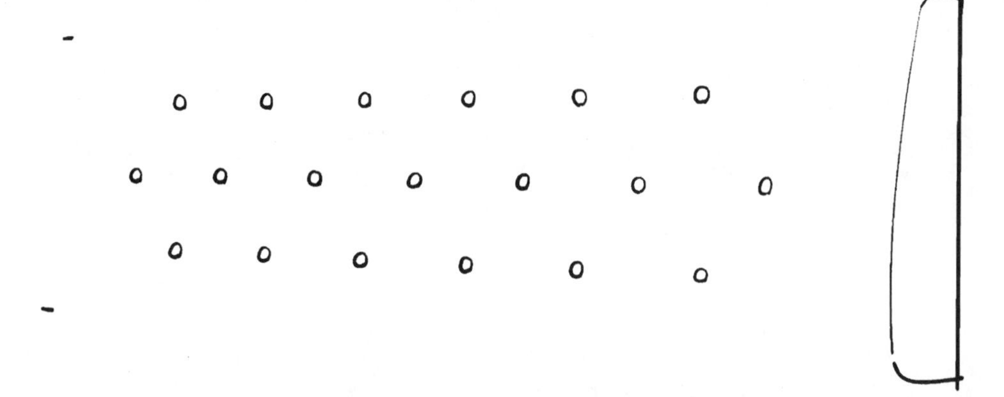

图 2-2-15　软包绘制步骤二

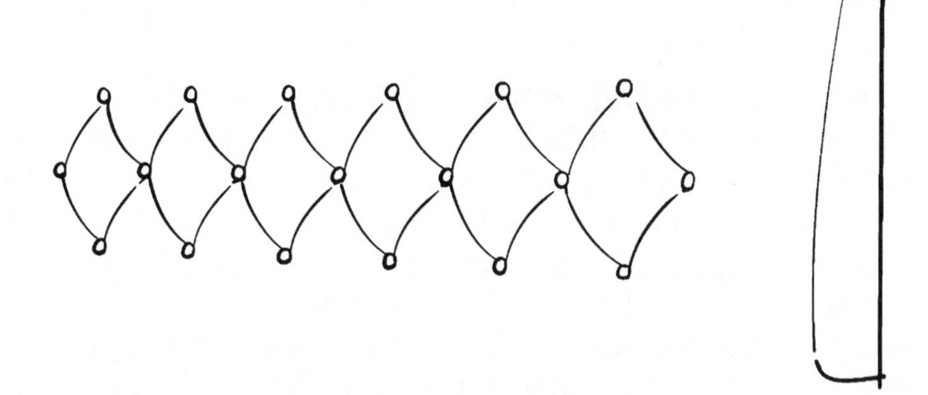

图 2-2-16　软包绘制步骤三

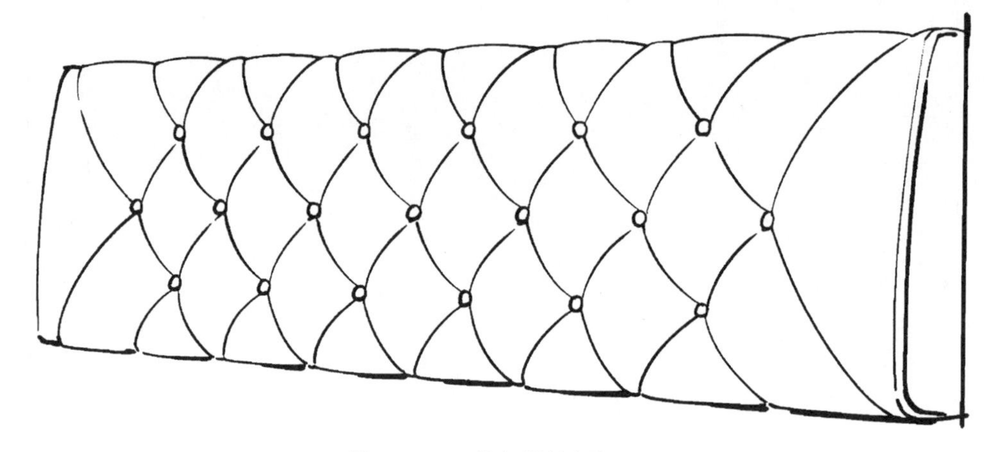

图 2-2-17　软包绘制步骤四

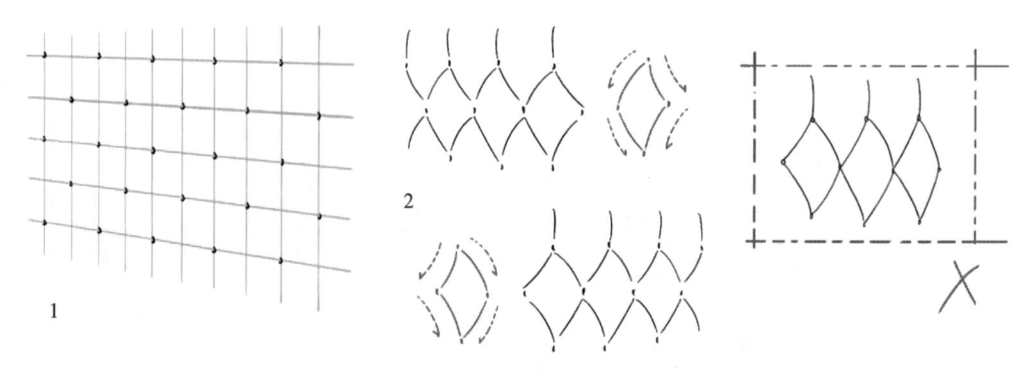

图 2-2-18　软包的绘制技巧

巩固与提高

根据步骤分析和绘制技巧，完成靠枕和软包的绘制练习。

三、布艺材料

1. 布艺材料的特点

布艺材料具有柔软舒适、透气吸湿、耐磨易清洁、装饰效果好等特点，是一种常用的室内装饰材料。室内的布艺家具通常使用棉布材料，这种材料柔软细腻，具有自然的质感和舒服的触感，让人感觉舒适、安逸（见图 2-2-19）。湿画法因其独特的颜色过渡效果，特别适用于表现布料等软性材料的质感。在应用湿画法时，控制时间是关键，需在颜色未完全干透之前完成物体的整体上色，以达到理想的画面效果。

棉麻、绒等布艺材料也经常被运用在室内空间中，这些布艺表面看上去颗粒感较强，没有反光并且高光柔和，受到光照后，明暗过渡面的纹理感较强（见图 2-2-20 和图 2-2-21）。在运用湿画法表现出物体的体块关系后，可以用马克笔的细线条或彩色铅笔增加细节，以表现材质的特有肌理。

图 2-2-19　棉布材料的质感

图 2-2-20　棉麻材料的质感

图 2-2-21　绒材料的质感

2. 靠枕的绘制步骤

靠枕的绘制步骤如图 2-2-22 所示。

（1）绘制一个靠枕的线稿。

（2）以飞笔画出底色，通过运笔的弧度来表现靠枕的柔软和饱满感。要注重光影效果的营造。

（3）用湿画法绘制靠枕的暗部区域，以增强立体感。

（4）等颜色干透后，再加入如布纹肌理、装饰性的图案和阴影等细节，以丰富表现效果。

图 2-2-22　靠枕绘制步骤

3. 布艺材料图例

布艺材料图例如图 2-2-23 所示。

图 2-2-23　布艺材料图例

巩固与提高

1. 根据步骤分析和绘制技巧，完成靠枕的上色练习。
2. 临摹布艺材料的图例。

四、布艺单体家具

1. 布艺单体家具的表现技法

在手绘布艺单体家具时，注意以下几个方面。

（1）透视关系表现

布艺单体家具的透视关系表现主要有平行透视和成角透视两种，其中成角透视的效果较为美观、协调。根据效果的需要，可以选择不同的透视原理进行绘制，以确保透视表现精准、角度选取美观。

（2）线条表现和细节表现

根据布艺材料的特点，应尽量多地使用柔线条来表现其材质的柔软和细腻感，突出物体本身的纹理和质感。在绘制完布艺单体家具的形体结构之后，使用柔和的线条表现物体的明暗、阴影、投影、倒影等细节，注意线条的排列和疏密关系，加强物体的明暗关系和立体感。

（3）着色表现

在进行布艺单体家具整体色彩和色调的绘制时，由于布艺材料具有粗糙表面和不反光的属性，所以物体的整体色彩较为饱和且均匀，可使用彩色铅笔来加强色彩的细腻度和布艺材料表面纹理的粗糙感，达到色与色、面与面之间的紧密衔接，加强布艺单体家具的质感和光感表现效果。

（4）布艺材料手绘表现注意事项

在表现布艺材料时，应选用软质铅笔，以适中的力度描绘，紧密跟随材料纹理的变化，使线条流畅且清晰。同时，线条应以斜向为主，顺应材料纹理的自然走势，以展现其独特的质感和层次感。此外，光照的影响也至关重要，光照充足的部位要突出材料的表面纹理和色彩，而光照较弱的部位则要适当降低色彩明度，以呈现材料的阴影和立体感。这样的处理方式，能够使手绘的布艺材料更加生动逼真，充满质感和美感。

2. 布艺单人沙发的绘制步骤

（1）用线条画出布艺单人沙发的轮廓。在绘制过程中，要特别注意形体的透视关系，保持画笔的流畅度，以表现布艺单人沙发的柔软感。同时，要注意笔触的轻重变化，特别是在阴影部分，需要加重笔触以增强立体感（见图 2–2–24）。

（2）在靠背和坐垫部位，采用比实物原色浅一号的马克笔，以飞笔技法迅速涂抹一层通透的底色，并运用湿画法表现布艺单人沙发的阴影和布纹褶皱。在布艺单人沙发侧面的阴影部分，选择紫灰色进行叠色处理，通过冷暖对比，提升画面的立体感（见图 2–2–25）。

图 2–2–24　布艺单人沙发绘制步骤一

图 2–2–25　布艺单人沙发绘制步骤二

（3）在颜色尚未完全干透时，采用暖灰色加重布纹褶皱的明暗交界区域及坐垫的投影，从而进一步强化布艺单人沙发的立体效果。需要注意的是，沙发底座的处理应与布料有所区别，要待第一层颜色干透后，再进行叠色处理（见图 2–2–26）。

（4）使用高光笔绘制布纹的光泽和底座的高光，增强画面的层次感与立体感（见图 2–2–27）。

图 2-2-26　布艺单人沙发绘制步骤三

图 2-2-27　布艺单人沙发绘制步骤四

3. 布艺单体家具图例

布艺单体家具图例如图 2-2-28 和图 2-2-29 所示。

图 2–2–28　布艺单体家具图例一

图 2-2-29　布艺单体家具图例二

巩固与提高

1. 根据步骤分析和绘制技巧，完成布艺单人沙发的绘制练习。
2. 临摹布艺单体家具的图例。

第三节　石材单体家具手绘表现

学习目标

1. 能绘制尺寸准确的单体家具。
2. 能用马克笔表现石材肌理。
3. 能独立绘制石材矮桌。

一、方体的精准绘制

方体是构成室内家具形态的基本形状（见图 2-3-1）。只有深入理解方体在不同视角下的透视特性和缩放规律，才能真正掌握如何运用方体来观察和解析实景家具。可以利用方体辅助绘制尺寸准确的单体家具，从而摆脱对实景家具的僵化临摹。接下来以正方体为例进行介绍。

1. 正方体的常用角度

在室内设计手绘中，正方体的常用角度有 6 个，分别是 0°、9°、18°、27°、36° 和 45°（见图 2-3-2）。其中，36° 和 45° 的正方体能展示较为完整的三个面，有利于突显立体感和表现细节，因此具有较高的实用性。

2. 正方体的透视缩变规律

当正方体与画面成一定角度时，正方体的很多面都会失去原有的正方形特征，不可避免地产生透视缩短变化。在透视学中，这一现象被称为透视缩短现象（见图 2-3-3）。

图 2-3-1　室内家具中的方体

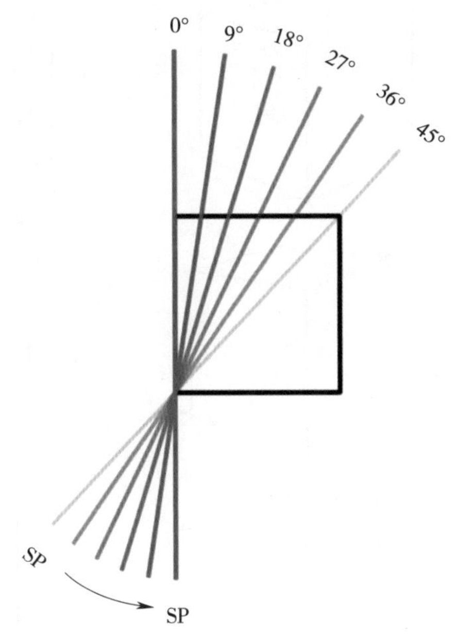

图 2-3-2　观察点与正方体的平面关系

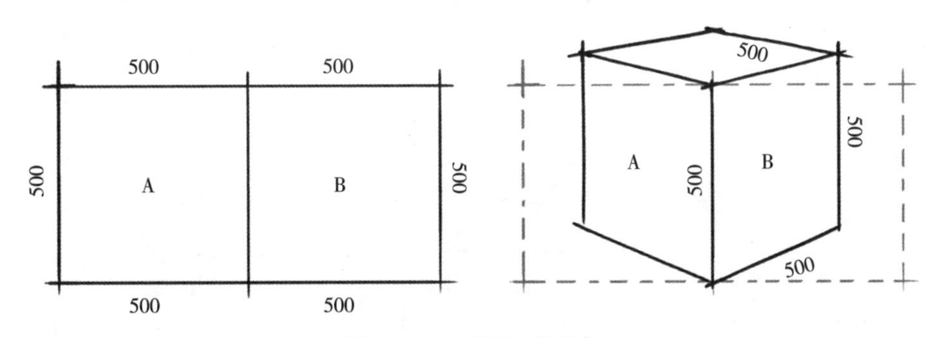

图 2-3-3　透视缩短现象

随着观察点角度的变化，正方体的面会呈现不同程度的透视缩短，6 个常用角度的透视缩变比例和对角倾斜变化如图 2-3-4 所示。在两点透视的室内设计手绘效果图中，消失点均位于画纸之外，充分了解透视缩变规律有助于确保画面透视关系的准确性，从而快速地进行表现。

3. 正方体的尺寸

在室内设计手绘中，设计师必须精确地表现物体的尺寸比例，这是一项不能马虎的任务。只有当手绘效果图具备正确的尺寸比例时，它才真正具备了价值。设计师可以利用视平线和透视缩变规律来确保正方体尺寸比例的准确性，即根据透视原理，地面上任意一点到视平线的距离都是一致的（见图 2-3-5）。

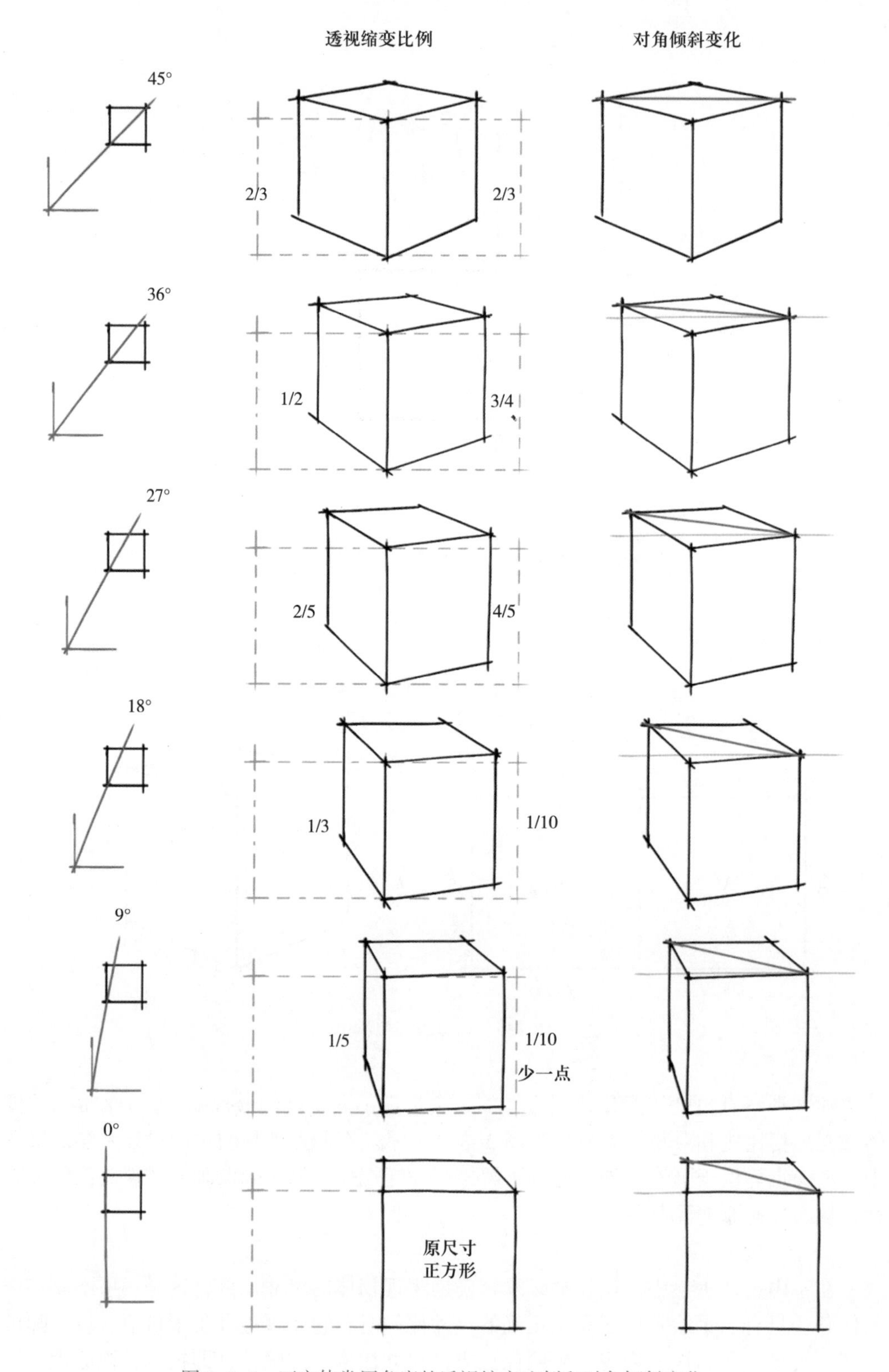

图 2-3-4　正方体常用角度的透视缩变比例和对角倾斜变化

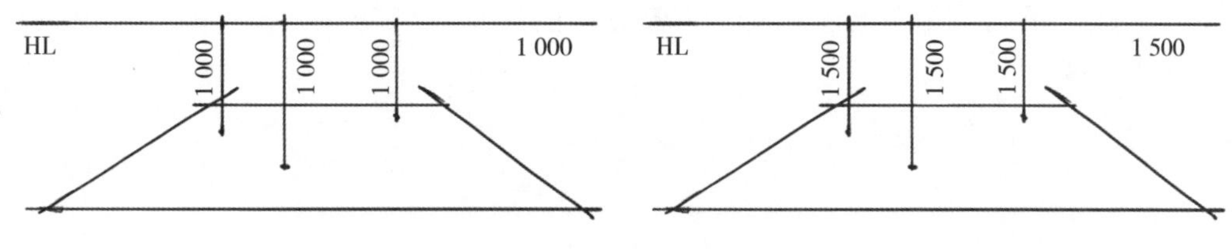

图 2–3–5　视平线规律

（1）绘制步骤

绘制一个边长为 50 cm 的正方体，透视角度为 36°，视平线位于 1 m 的高度，消失点位于画纸之外。

1）确定尺寸：在画纸上画出视平线后，再画一条任意长度的垂直线。根据透视原理可知，垂直线的一半长度是 50 cm。这样，就可以确定正方体的高度（见图 2–3–6）。

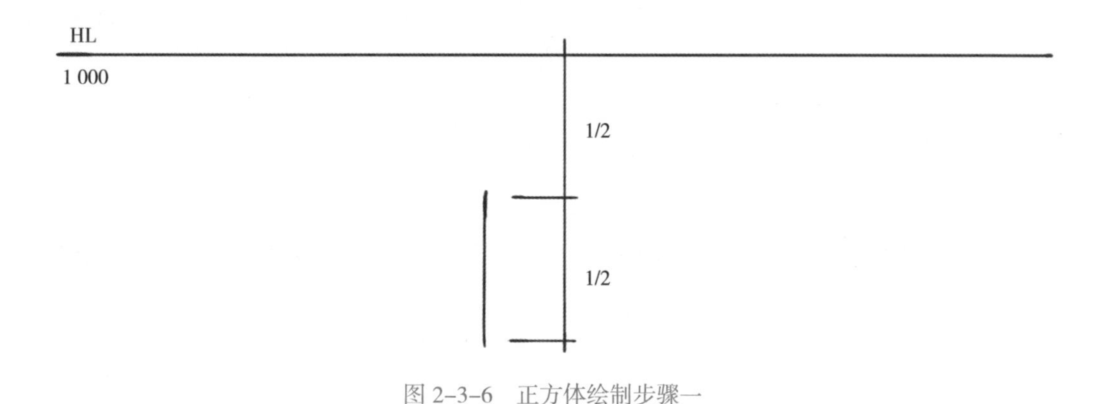

图 2–3–6　正方体绘制步骤一

2）绘制侧面一：首先在视平线上任意设定一个消失点，建议将消失点设定在画纸之外，以防止倾斜角度过大导致正方体产生畸变。其次，根据所设定的消失点，绘制正方体的上下边界线。最后，根据透视缩变规律，确定 36° 正方体的缩变比例（见图 2–3–7）。

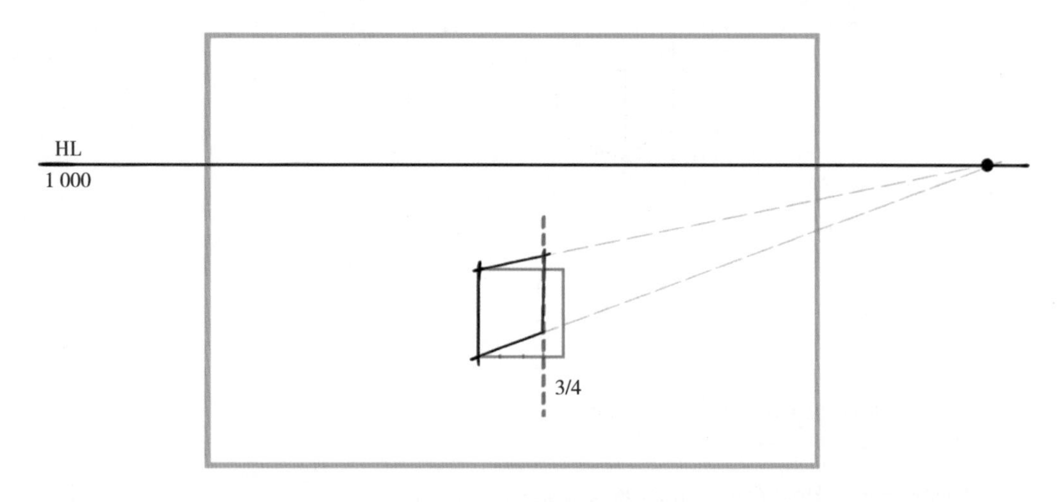

图 2–3–7　正方体绘制步骤二

3）确定第二个消失点：根据 36° 正方体的对角倾斜变化，确定另一个消失点（见图 2–3–8）。

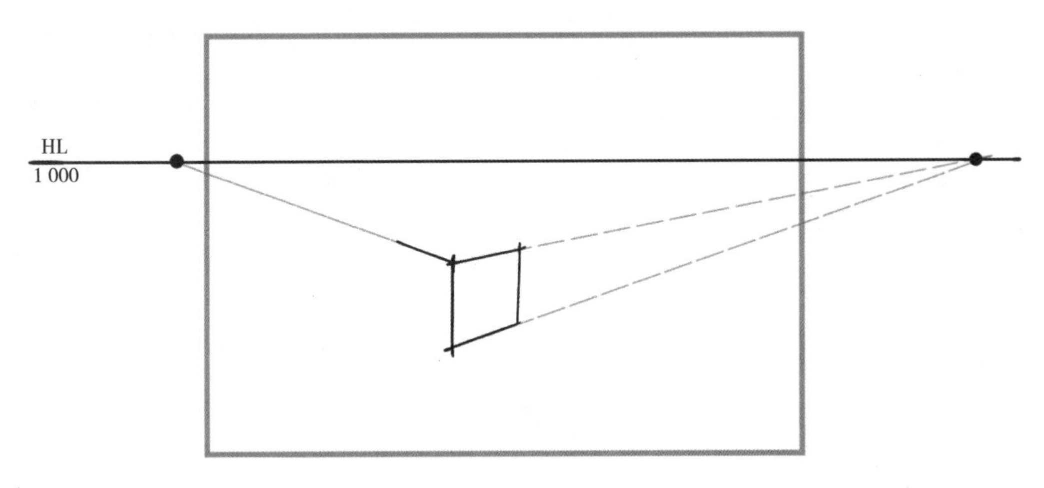

图 2–3–8　正方体绘制步骤三

4）绘制侧面二：根据第二个消失点，绘制正方体的底部。再根据透视缩变规律，完成另一个侧面的绘制（见图 2–3–9）。

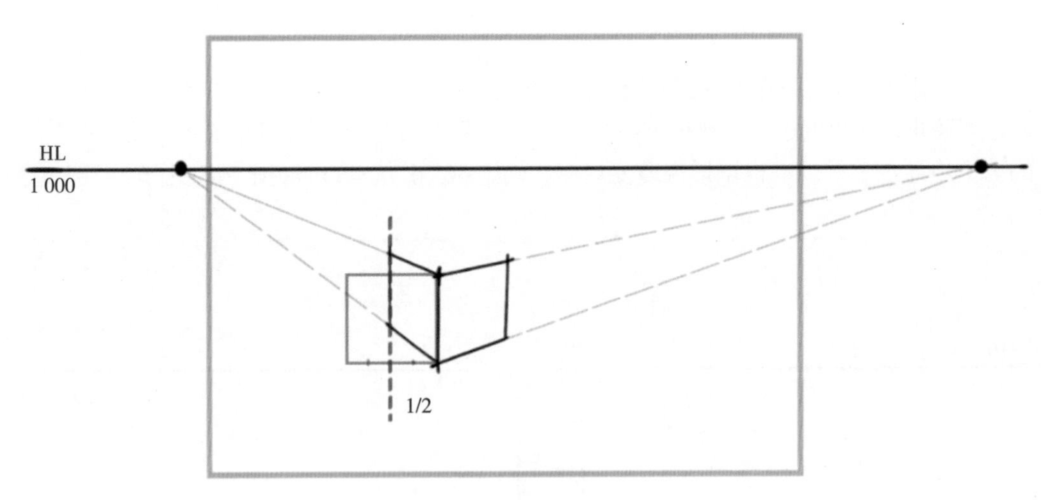

图 2–3–9　正方体绘制步骤四

5）完成顶面的绘制（见图 2–3–10）。

（2）绘制技巧

正方体的绘制技巧有以下几个要点（见图 2–3–11）：

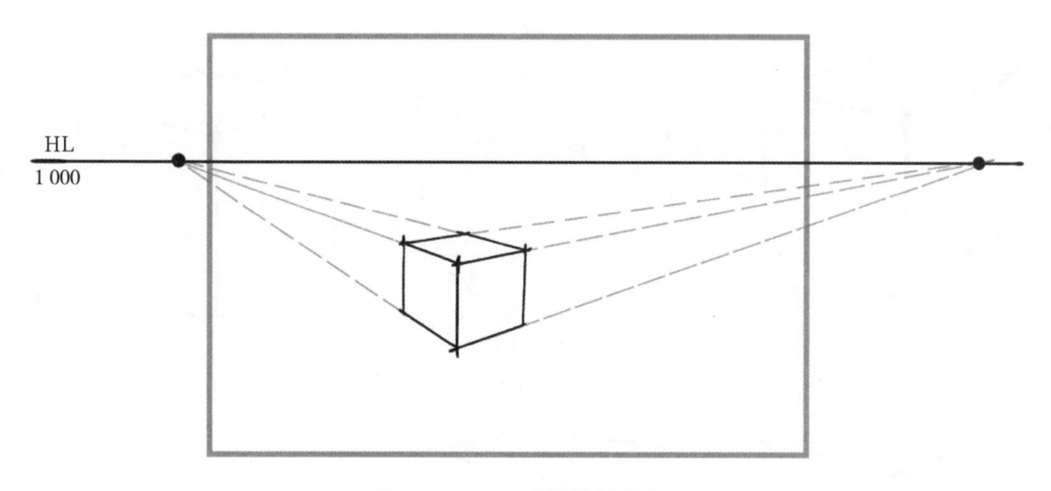

图 2-3-10　正方体绘制步骤五

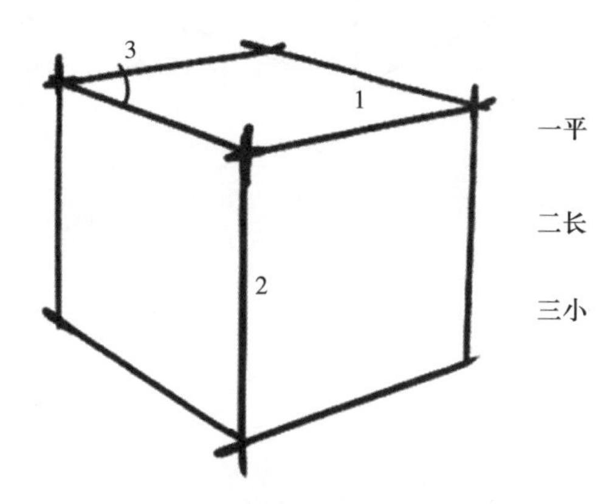

图 2-3-11　正方体的绘制技巧

1）消失线要平缓。

2）离画面最近的垂直线最长。

3）顶面的角度要小。

（3）容易出错的地方

正方体绘制时容易出错的地方有以下几方面，如图 2-3-12 所示：

1）消失线倾斜度过大，正方体产生畸变。

2）正方体的上下边界线平行，或正方体的垂直线长度相等，正方体透视关系错误。

3）两条消失线的倾斜度差别过大，导致正方体产生畸变。

4）对角的倾斜度没有随着角度的旋转而变化。

5）顶面的消失线对不上消失点。

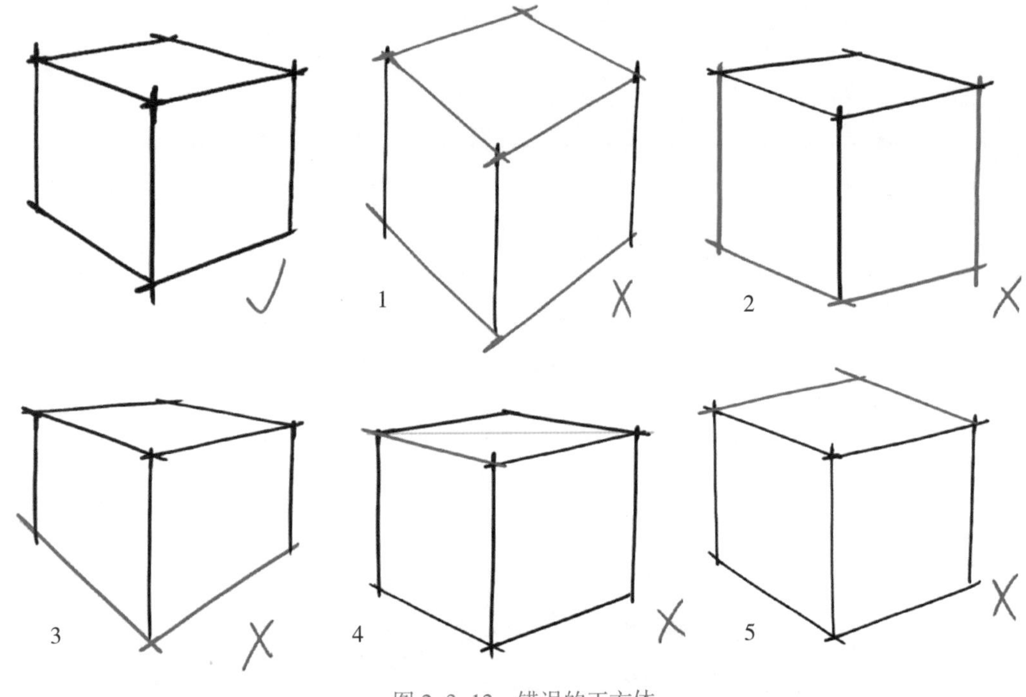

图 2-3-12　错误的正方体

1. 练习6个常用角度正方体（特别是36°和45°），熟悉各自的缩变比例，达到能徒手绘制正方体正确透视关系的水平。

2. 绘制一个边长为75 cm的正方体，透视角度为27°，视平线位于1 m的高度，消失点位于画纸之外。

二、石材材料

1. 石材材料的特点

室内装饰的石材种类丰富多样，有大理石、花岗岩、石英石和板岩等（见图2-3-13），每一种都具有独特的质感和美感，为空间增添了丰富的层次感和色彩。在室内石材中，常见的颜色有黑色、白色、灰色、棕色、米黄色、粉红色和绿色等。

在运用马克笔绘制石材时，应选择与石材天然质感相符的颜色。一般而言，灰色系列马克笔能较好地表现石材的质感。若要表现黑色、白色或灰色的石材，CG、BG系列的马克笔是理想的选择；要展现棕色石材的质感，可以采用WG系列马克笔，并搭配一些纯度较低的棕色；对于米黄色、粉红色和绿色等较为鲜艳的石材，建议使用相应的YG（黄灰色系）、WG、GG（偏绿灰色系）系列马克笔，并搭配纯度较低的颜色来表现。在选择灰色系列时，务必注意深浅搭配，以增强石材的立体感。

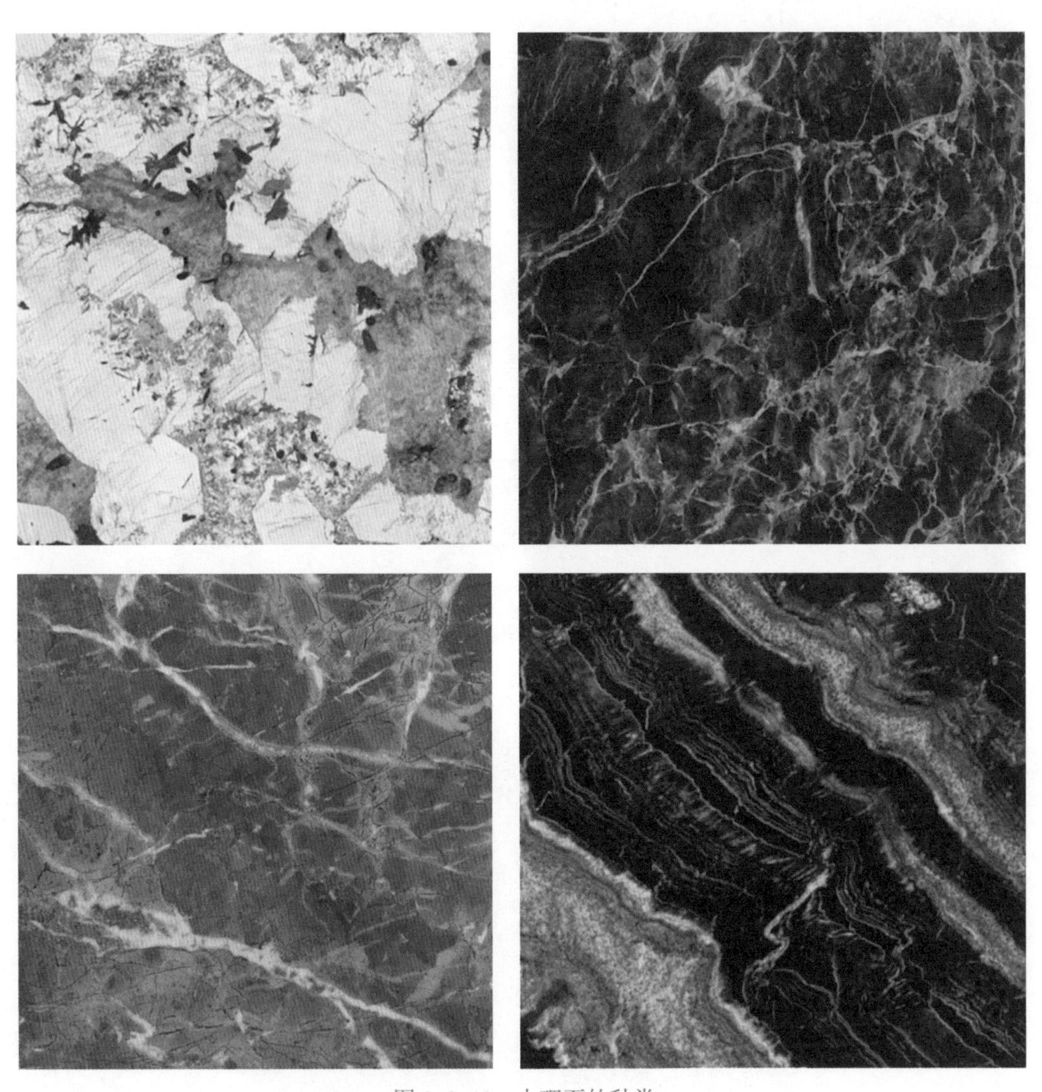

图 2-3-13　大理石的种类

2. 石材纹理的绘制步骤

（1）绘制一个边长为 6 cm 的正方形（见图 2-3-14）。

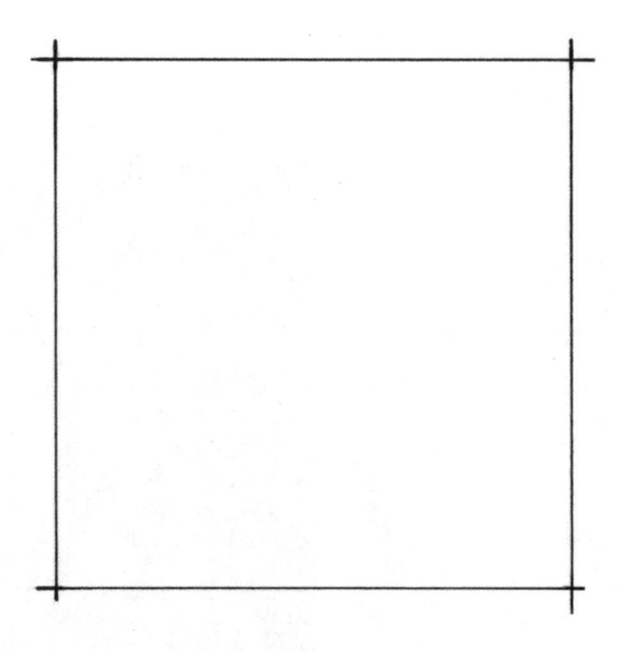

图 2-3-14　石材纹理绘制步骤一

（2）用浅色的马克笔铺一层基础底色，注意不要完全覆盖，以呈现石材的肌理（见图 2-3-15）。

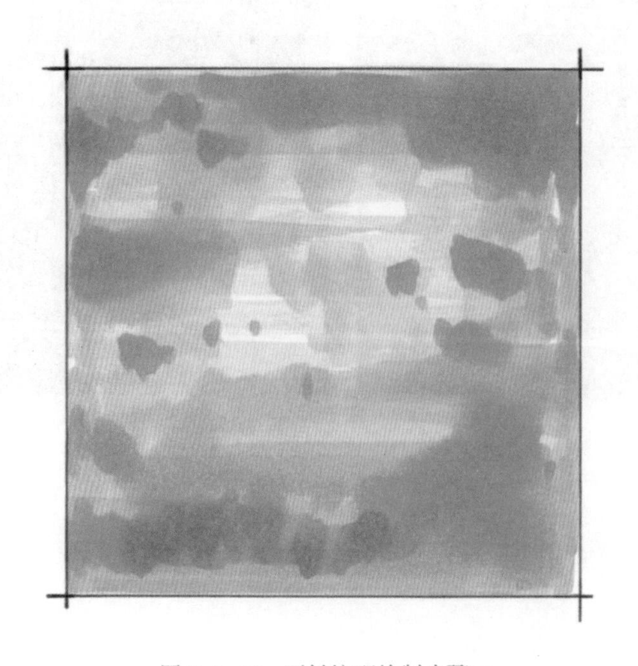

图 2-3-15　石材纹理绘制步骤二

（3）用较深的颜色进行叠加，运用湿画法进行晕染，丰富石材的纹理（见图 2–3–16）。在绘制过程中，需要控制好颜色的深浅变化，以便于后续的纹理描绘。对于颜色变化较单一的大理石，如雅士白或黑白根等品种，这一步骤可以省略。

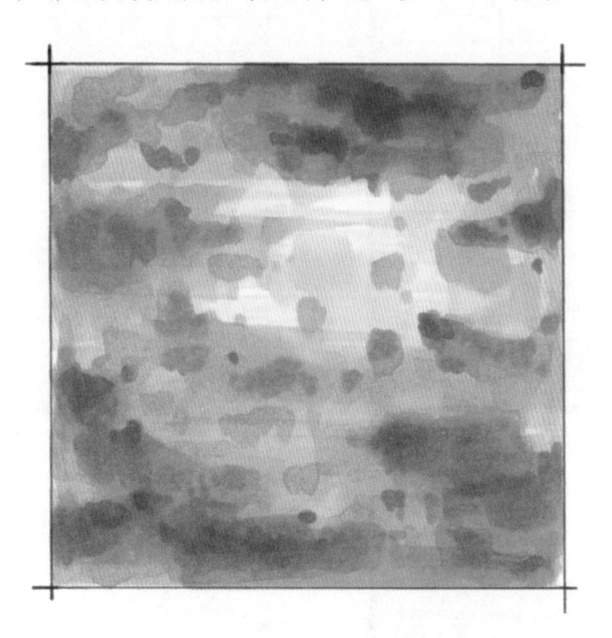

图 2–3–16　石材纹理绘制步骤三

（4）使用高光笔或深色的马克笔描绘石材的主干纹理。通常，石材呈现交错的、类似于树根的纹理，可以通过细长的直线和曲折的线条进行模拟。在高光笔没干透的时候轻轻涂抹，可以做出渐变的白色效果，从而丰富石材纹理的层次变化（见图 2–3–17）。

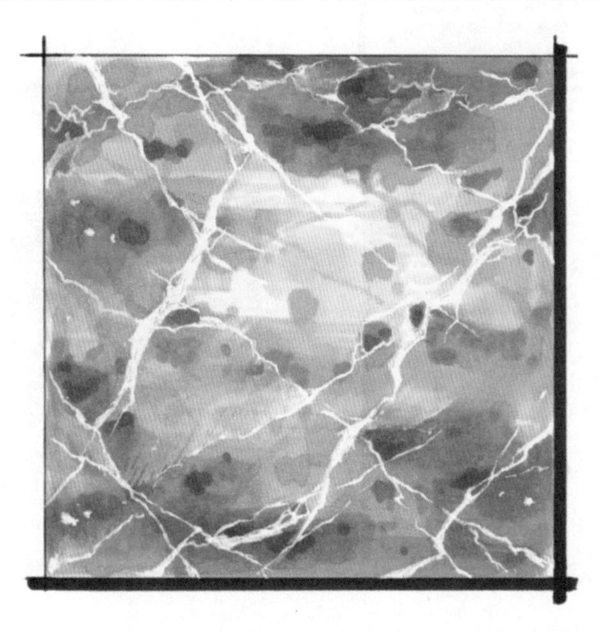

图 2–3–17　石材纹理绘制步骤四

3. 石材纹理图例

石材纹理图例如图 2-3-18 所示。

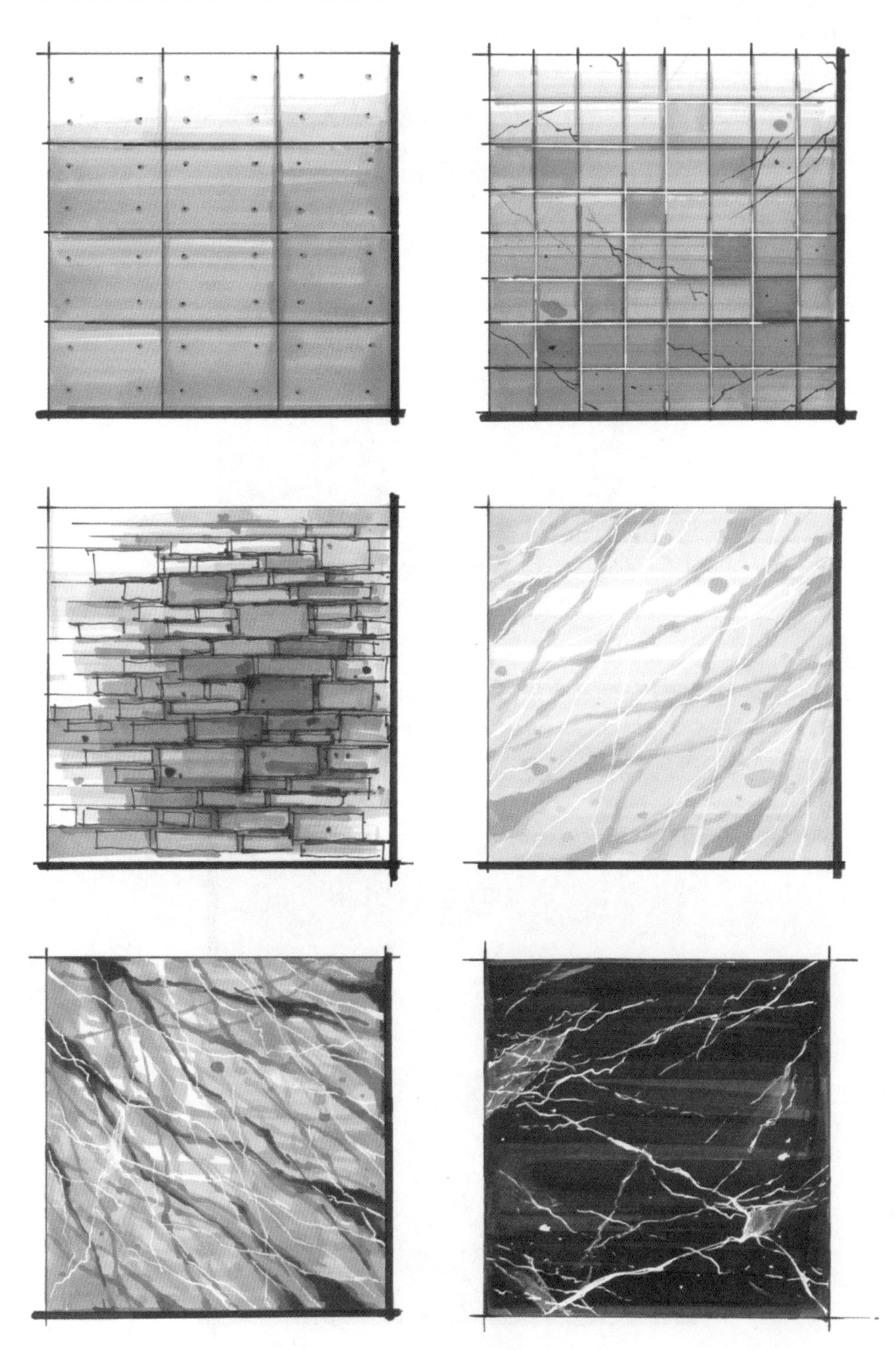

图 2-3-18 石材纹理图例

1. 根据步骤分析和绘制技巧，完成石材的上色练习。
2. 临摹石材纹理的图例。

三、石材单体家具

1. 石材单体家具的表现技法

手绘石材单体家具时，应注意以下几个方面。

（1）形体结构和线条表现

绘制石材单体家具时，由于其形体结构线条较为坚硬、清晰，所以应注意控制整体形体结构的张力，可用长直线条，以准确表现石材的结构特征。

（2）纹理和细节表现

在绘制石材纹理时，可使用树根状的折线绘制石材的特有纹理。要把石材纹理绘制得自然，重点处理好石材纹理的方向和疏密关系，避免其方向单一或距离相等。

（3）着色表现

石材表面光滑且具有反光属性，用马克笔上色时采用平涂手法处理。运笔时要迅速且流畅，并确保颜色干透后再叠加颜色，以更好地表现石材的质感和光泽度。石材的主干纹理可使用高光笔或彩色铅笔进行描绘。在绘制一些纹理较丰富的石材时，可用马克笔在高光笔上面叠加一层色，以丰富石材的层次变化。

2. 石材矮桌的绘制步骤

绘制一张大理石矮桌，视平线位于 80 cm 的高度，透视角度为 36°，矮桌的尺寸如图 2-3-19 所示。

（1）使用视平线和透视缩变规律确定石材矮桌的透视关系和尺寸比例。考虑到石板的厚度太薄，可以在绘制时适当增加厚度，以增强其视觉效果，便于后期表现（见图 2-3-20）。

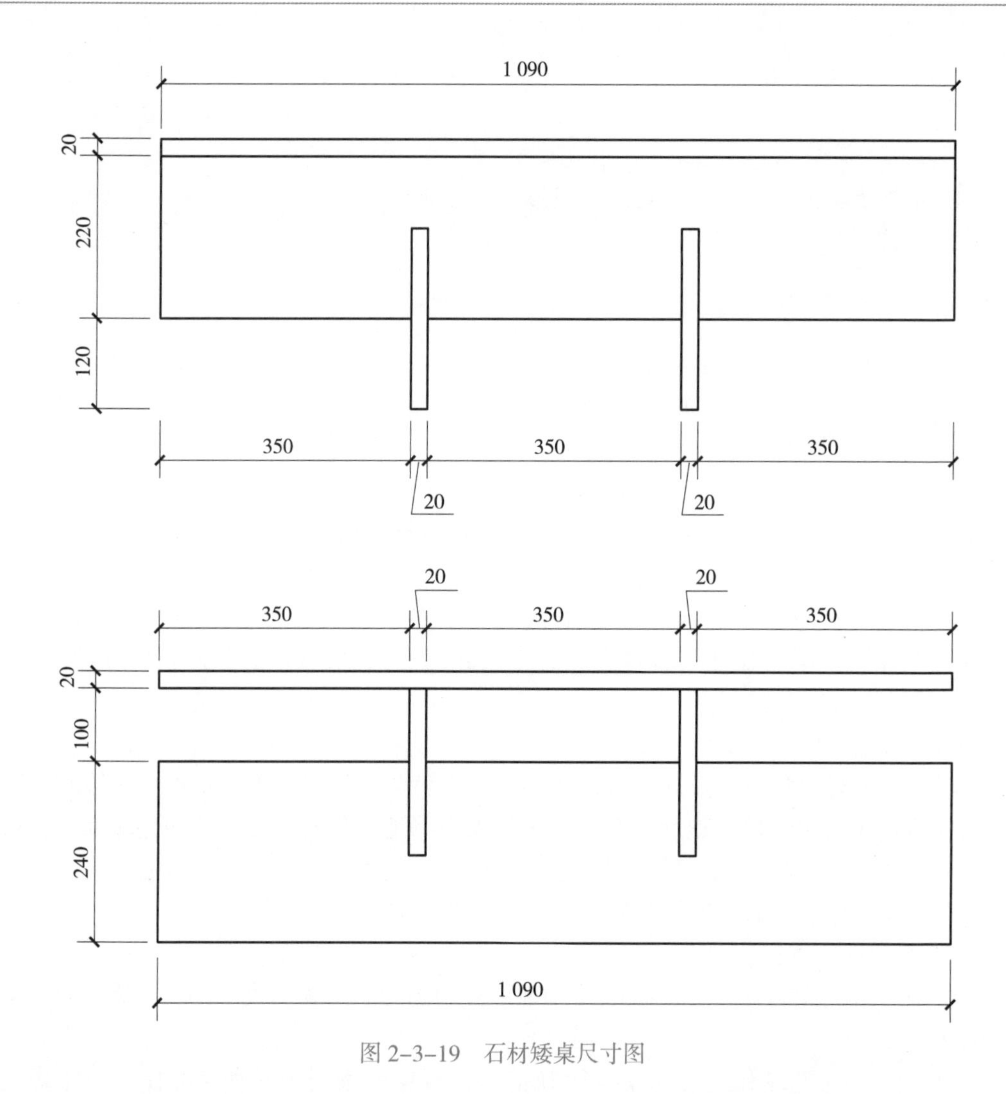

图 2-3-19　石材矮桌尺寸图

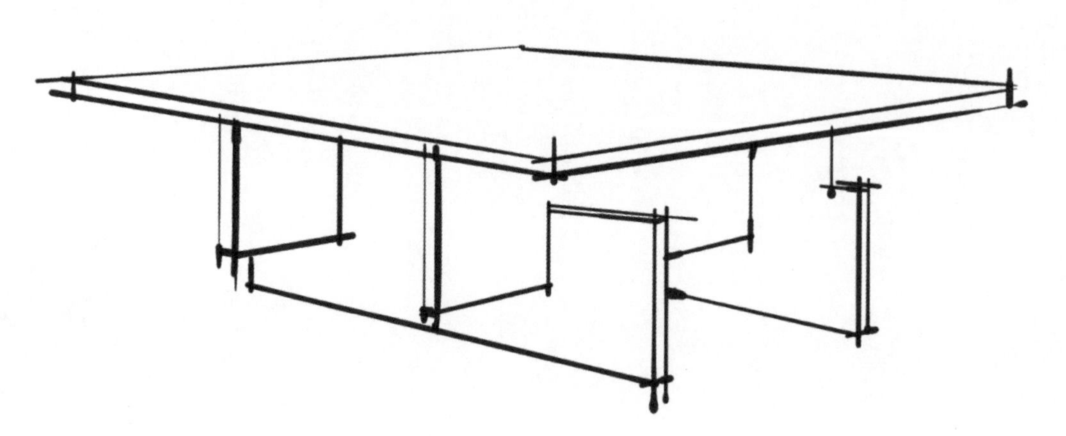

图 2-3-20　石材矮桌绘制步骤一

（2）用浅色的马克笔铺一层基础底色，注意桌面不要全覆盖，以展现石材的抛光效果。在阴影部分的桌脚处选用暖灰色，采用平涂手法处理，与桌面材质和颜色形成对比。对于投影形状的区域，需加深颜色，以突显其立体感（见图 2–3–21）。

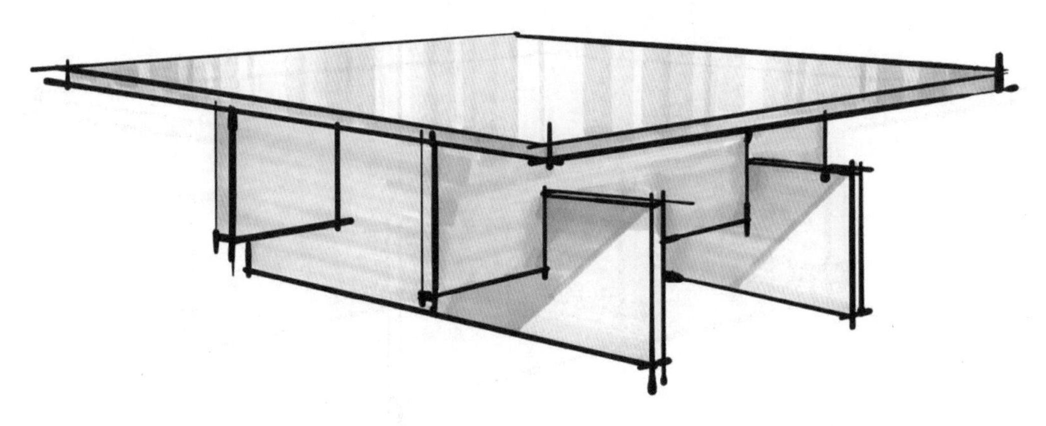

图 2–3–21　石材矮桌绘制步骤二

（3）使用较深的颜色进行叠加，需强调明暗交界线和反光面的细节，以进一步突出其立体感。并用马克笔描绘出石材的纹理，使画面更富有质感（见图 2–3–22）。阴影处的石材纹理用暖灰色绘制，以丰富颜色的层次，提升整体的真实感和视觉效果。

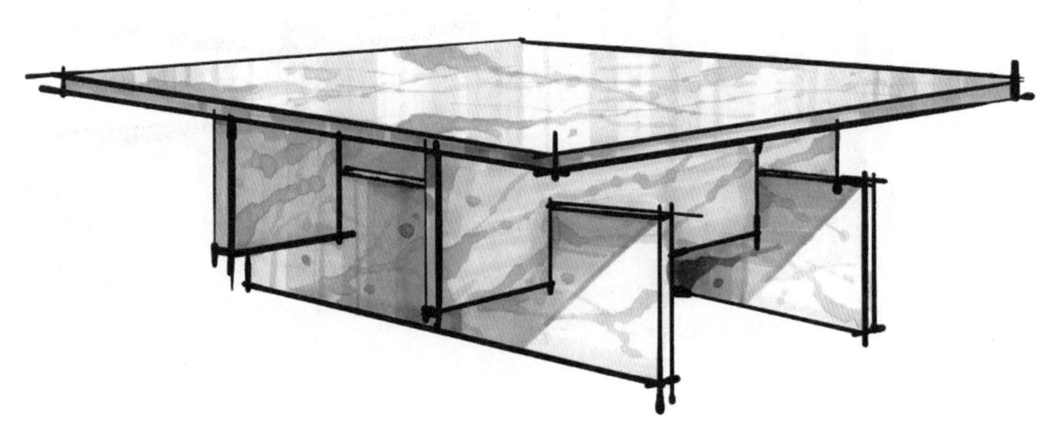

图 2–3–22　石材矮桌绘制步骤三

（4）使用高光笔或彩色铅笔描绘石材的主干纹理和矮桌的边缘。用高光笔绘制完阴影处的石材纹理后，可用马克笔在上面叠一层色，使其与阴影融合，从而丰富石材纹理的层次变化（见图 2–3–23 和图 2–3–24）。

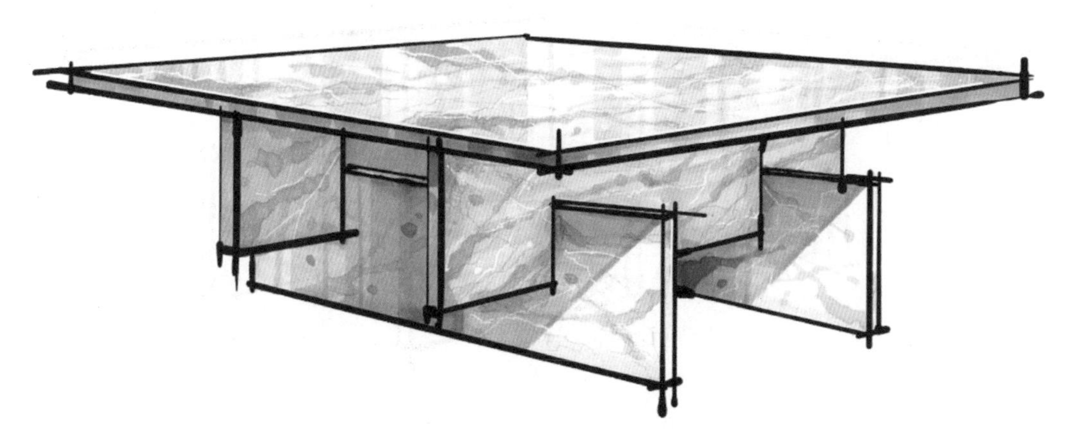

图 2–3–23　石材矮桌绘制步骤四

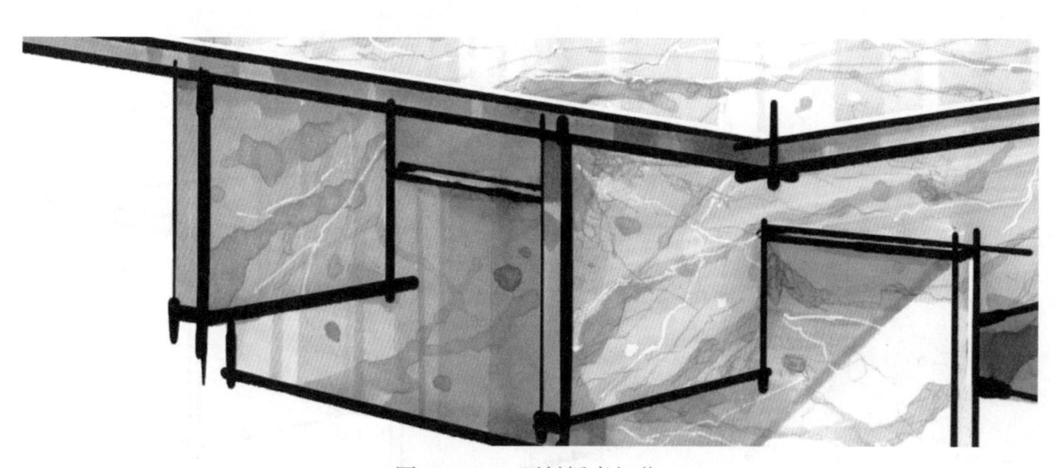

图 2–3–24　石材矮桌细节

3. 石材单体家具图例

石材单体家具图例如图 2–3–25 和图 2–3–26 所示。

图 2-3-25　石材单体家具图例一

图 2-3-26　石材单体家具图例二

1. 根据步骤分析和绘制技巧，完成大理石矮桌的绘制练习。
2. 临摹石材单体家具的图例。

第四节　金属单体家具手绘表现

学习目标

1. 能徒手画出透视的圆形。
2. 能用马克笔表现金属质感。
3. 能独立绘制金属脚圆桌。

一、透视圆形

在室内空间中，经常能看到各种圆形的物体，如圆桌、圆椅、圆镜等。这些物体由于位置关系，通常不在视平面上。而根据透视原理，圆形在这样的视角下会产生一些变形效果（见图 2-4-1）。当圆形与画面平行时，我们看到的是它实际的形状。但当圆形与视平面平行时，圆形就变成了一条线。而当圆形与视平面存在一定的角度时，圆形就变成了椭圆形。

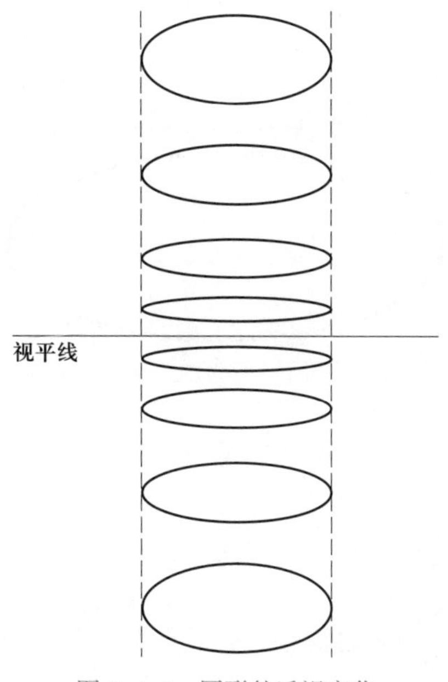

图 2-4-1　圆形的透视变化

根据透视原理中近大远小的规律，在圆形发生缩变后，其上下弧线的形状将有所差异。具体而言，若圆形位于视平面以下，下弧线的弯曲程度将较上弧线更为明显。反之，若圆形位于视平面以上，上弧线的弯曲程度则将超过下弧线（见图 2–4–2）。

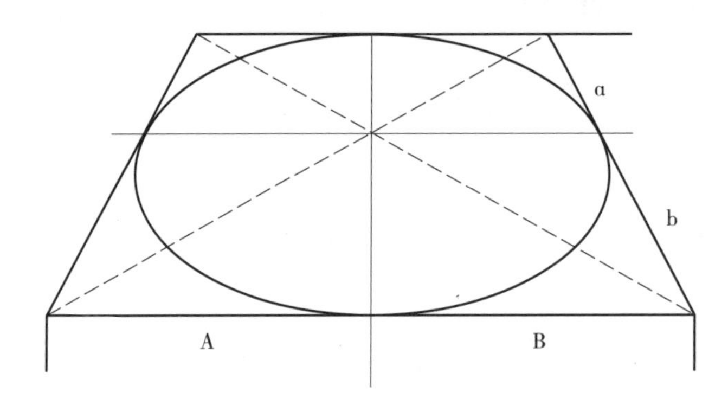

图 2–4–2　透视圆形

1. 绘制技巧

透视圆形有以下几点绘制技巧（见图 2–4–3）：

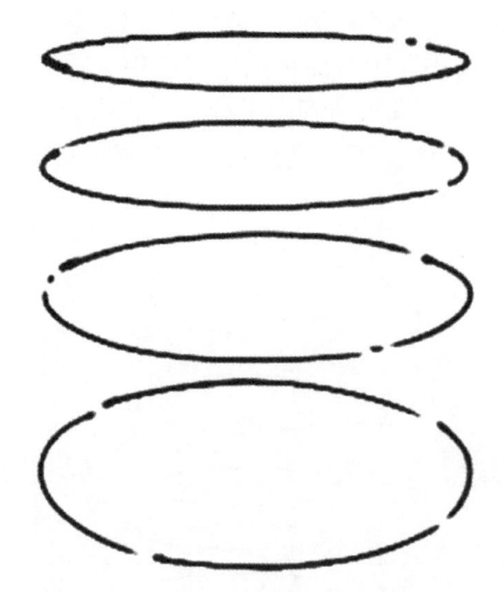

图 2–4–3　透视圆形的绘制技巧

（1）圆形的透视效果就像是一只眼睛的张合。当圆形靠近视平面时，它逐渐闭合成一条细线；而当圆形远离视平面时，它则逐渐张开，显得更为开阔。

（2）在把握不准的情况下，可以先设定定位点来确定椭圆的两侧，明确圆形的大致范围后再进行绘制。

（3）在绘画过程中，保持笔触流畅且轻盈至关重要，同时要充分发挥手腕的灵活性。

（4）在绘制圆形时，要注意圆形上下弧线的弧度差异，避免失真。建议先绘制弧度较小的弧线，再绘制弧度较大的弧线。

2. 容易出错的地方

透视圆形绘制时容易出错的地方有以下几方面，如图 2–4–4 所示：

（1）上下弧线相交，导致两头尖，像一片叶子。

（2）上下弧线弧度没有变化。

（3）上下弧线弧度大小颠倒。需牢记近大远小的透视规律，要明确哪条弧线更接近自己。

（4）透视过度，导致形体畸变。应注意上下弧线的弧度变化不宜过大。

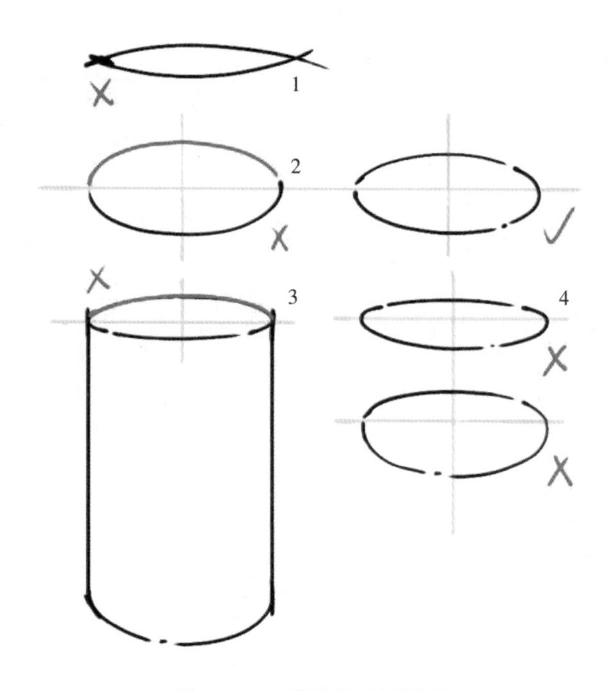

图 2–4–4　错误的透视圆形

3. 练习方法

根据图 2–4–5 的示例，进行宽度分别为 1 cm、3 cm、5 cm 的透视圆形绘制训练。首先使用铅笔描绘出视平线以及三种宽度的控制线，其次在各个宽度范围内进行练习，以感受圆形的透视变化。

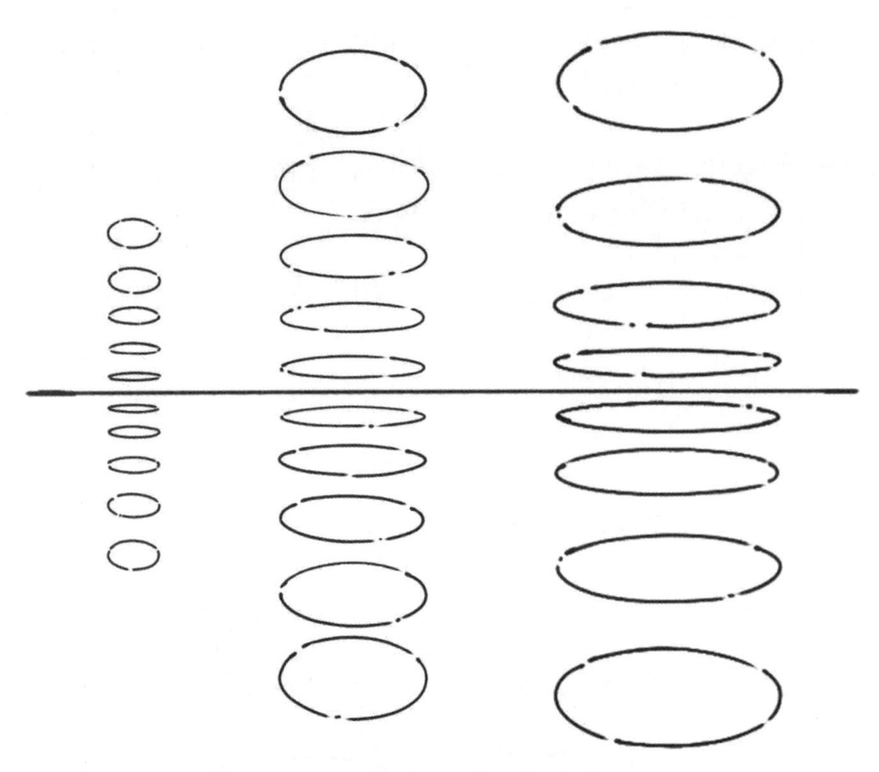

图 2–4–5　透视圆形的练习方法

1. 根据透视圆形的练习方法展开练习。
2. 对比容易犯错的图例，检查自己的练习质量，并根据绘制技巧来进行改善。

二、金属材料

1. 金属材料的特点

金属材料在室内设计中的应用非常广泛，现代室内空间中常用的金属材料包括不锈钢（见图 2–4–6）、铜（见图 2–4–7）和铝合金（见图 2–4–8）等。

金属材料有着优异的耐用性和稳定性，确保了室内空间的长期美观和安全性，同时金属材料以其特有的冷冽光泽和坚硬质感为室内空间注入现代感和科技感。通过抛光、喷涂等工艺处理后的金属材质，其表面可以呈现丰富的色彩和纹理，为设计师提供了广阔的创意空间。同时，金属材料具有灵活的加工性和可塑性，可加工成各种形状和结构的装饰品和构件，为室内空间带来丰富的形态和新颖别致的装饰效果。

金属表面质感可分为镜面与哑光两种类型。镜面金属表面具有光滑、反射性强的特点，能够产生明亮的光泽和清晰的倒影，给人一种现代、高端的感觉（见图 2–4–9）。而哑光金属表面则相对柔和、低调，没有强烈的反射效果，呈现出一种沉稳、内敛的质感（见图 2–4–10）。

图 2-4-6　不锈钢

图 2-4-7　铜

图 2–4–8　铝合金

图 2–4–9　镜面金属

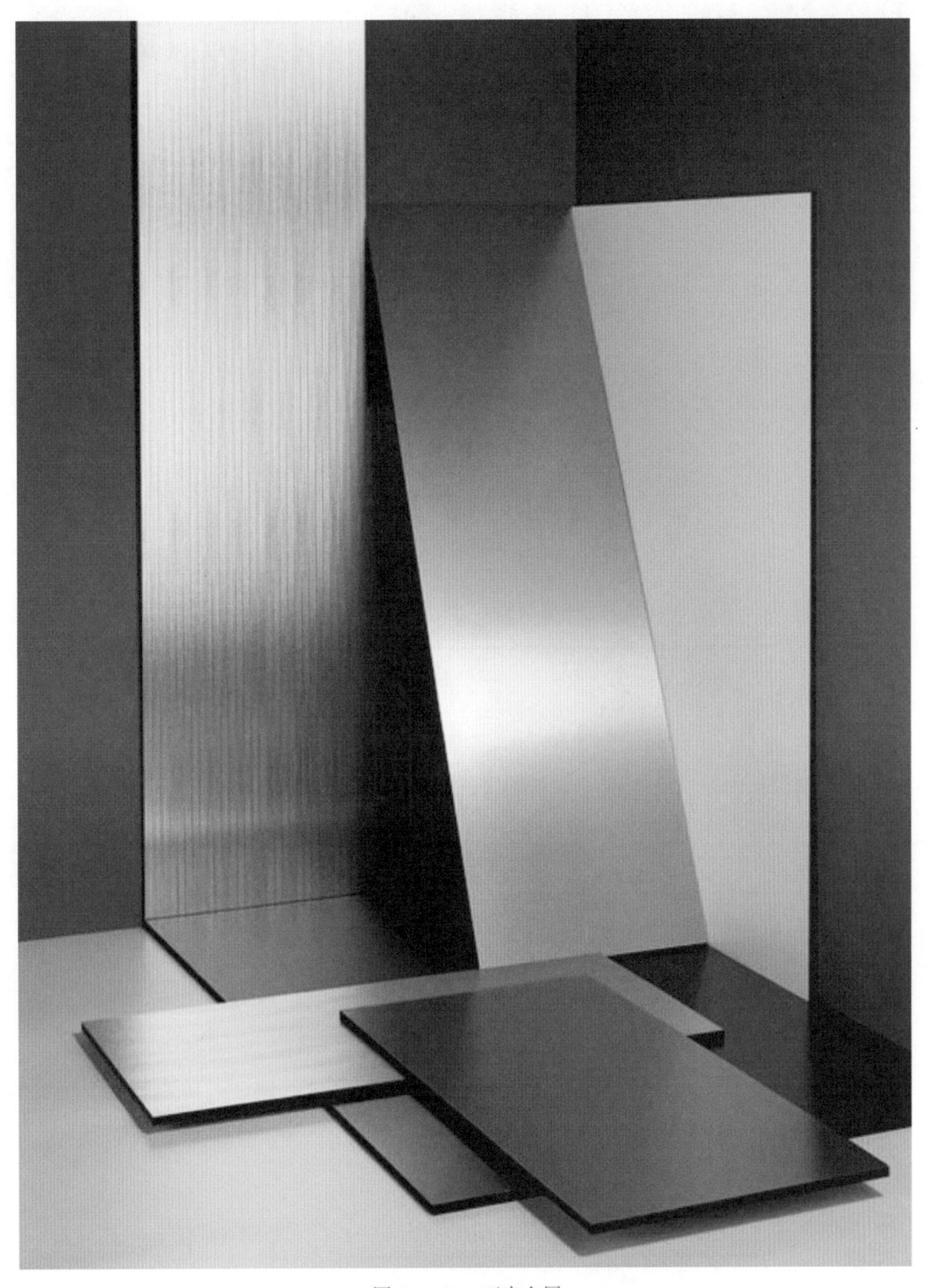

图 2-4-10　哑光金属

在手绘表现金属材料质感时，要注意捕捉光源和反射光线的方向，并准确地把握镜面金属和哑光金属的质感特征。镜面金属要强调高光和反光部分，压重明暗交界线，以强烈的明暗变化表现镜面金属表面光滑和反射性强的特点。哑光金属则可以使用较为自然的明暗过渡，表现其柔和、低调的特点。

在选用马克笔时，通常会选择灰色系，如 CG、WG 或 BG 等系列。

2. 金属质感的绘制步骤

（1）绘制一个尺寸为 9 cm × 6 cm 的矩形（见图 2-4-11）。

图 2-4-11　金属质感绘制步骤一

（2）用浅灰色的马克笔铺一层基础底色，注意要留出高光的位置，以呈现金属的镜面质感（见图 2-4-12）。

图 2-4-12　金属质感绘制步骤二

（3）从浅灰到深灰，逐渐加深阴影和投影部分，以模拟金属材料的立体感。注意要等前面的颜色干透后再叠加后面的颜色（见图 2-4-13）。

图 2-4-13　金属质感绘制步骤三

（4）使用黑色笔增强镜面金属的高反光效果，同时用高光笔画出高光区域（见图 2-4-14）。但需留意，对于反光效果较弱的金属，无须用黑色笔进行强化，而哑光金属则可通过湿画法进行处理。

3. 金属质感图例

金属质感图例如图 2-4-15 所示。

图 2-4-14　金属质感绘制步骤四

图 2-4-15　金属质感图例

巩固与提高

1. 根据步骤分析和绘制技巧，完成金属的上色练习。
2. 临摹金属质感的图例。

三、金属单体家具

1. 金属单体家具的表现技法

手绘金属单体家具时，应注意以下几个方面：

（1）形体结构和线条表现

绘制金属单体家具前，应观察分析物体的形体和结构特征，以准确表达家具的细节。在绘制金属单体家具时，受光面和远处细节使用细线条，用笔需轻盈、流畅；家具的明暗交界线和投影部分则需使用粗线条，以增强立体感。但需注意，明暗交界线和投影部分的线条应有粗细变化，以避免画面显得过于呆板。

（2）着色表现

在选用颜色时，建议选择灰色系，如 CG、WG 或 BG 等色系，以表现金属特有的冷冽光泽和坚硬质感。在使用马克笔进行上色时，应特别注意明暗交界线的处理，需逐步加重，以更好地表现光影效果。同时，亮面部分必须留白，以保持金属的光泽感。此外，必须确保颜色完全干透后再进行叠色，以准确表现金属的坚硬质感。

2. 金属脚圆桌的绘制步骤

绘制一张金属脚圆桌，视平线位于 1 m 的高度，圆桌的尺寸如图 2-4-16 所示。

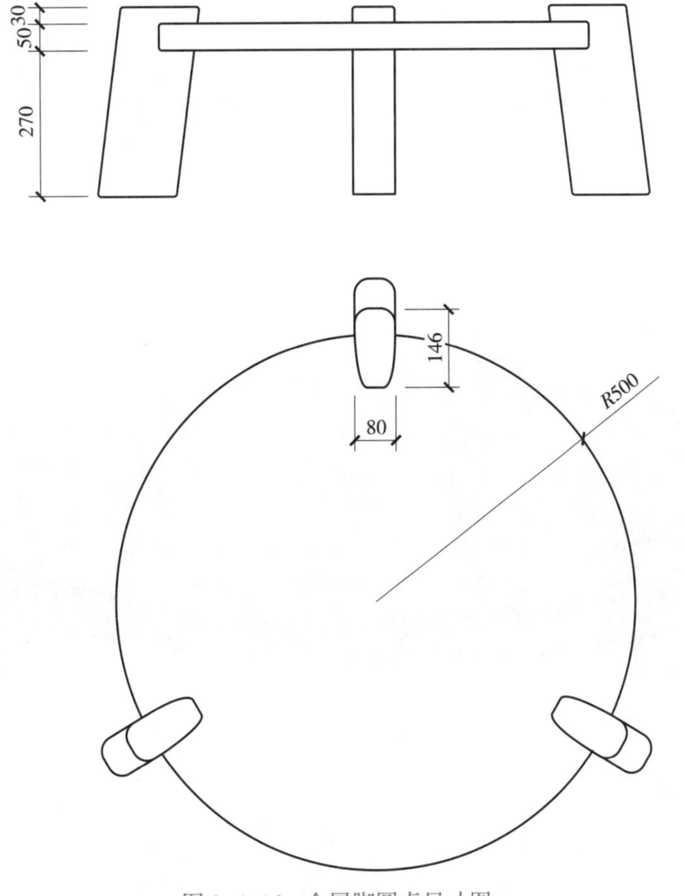

图 2-4-16　金属脚圆桌尺寸图

（1）使用视平线和圆形透视规律，确定金属脚圆桌的透视关系和尺寸比例（见图 2-4-17）。

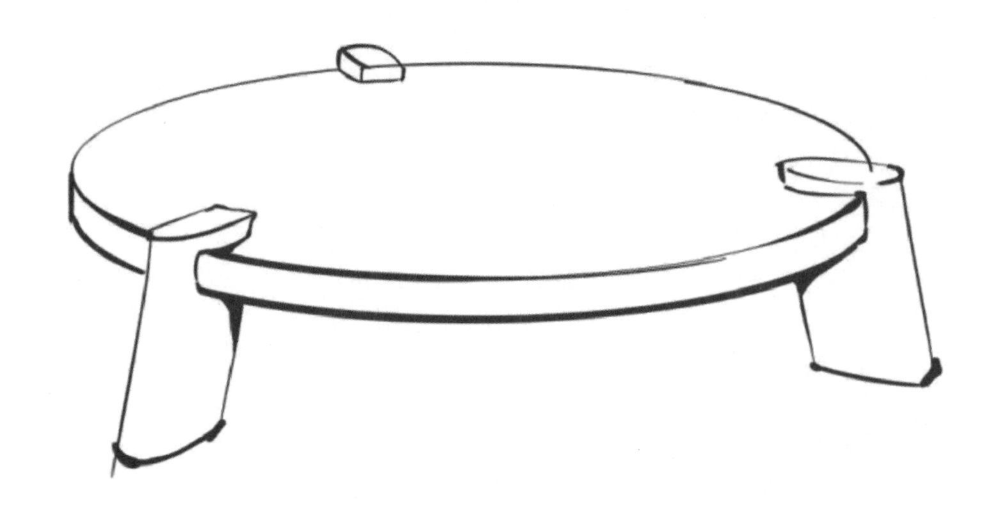

图 2-4-17　金属脚圆桌绘制步骤一

（2）先用浅色的马克笔铺一层基础底色。对于实木桌面与金属桌脚的处理，应有所区别。桌面先用浅色马克笔全面覆盖，待第一遍颜色干透后，通过叠色绘制出木材温润的光泽感。而桌脚则需预留高光区域，以展现金属材料镜面反光的质感（见图 2-4-18）。在绘制复杂细节的物体时，不必过于拘泥于颜色的轻微溢出，可通过后期上色，运用深色或高光笔进行修饰。

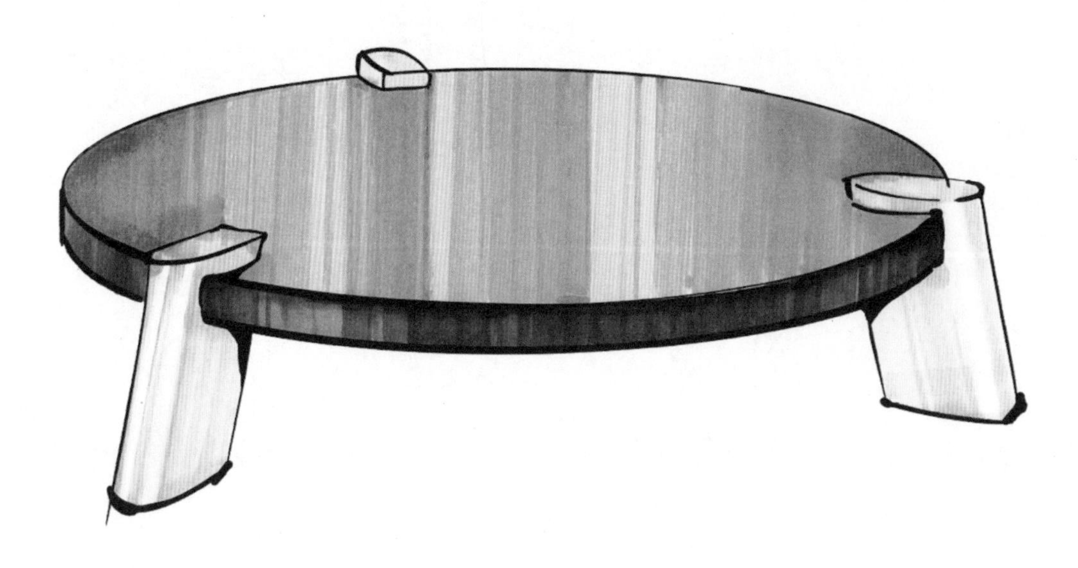

图 2-4-18　金属脚圆桌绘制步骤二

（3）用较深的颜色强化明暗交界处，以提高圆桌的立体效果。在处理桌面和桌脚的连接部分时，需强化两个物体的明暗对比，从而增强立体感。在这一阶段，可以运用深色马克笔对先前轻微溢出的区域进行修饰（见图 2–4–19）。

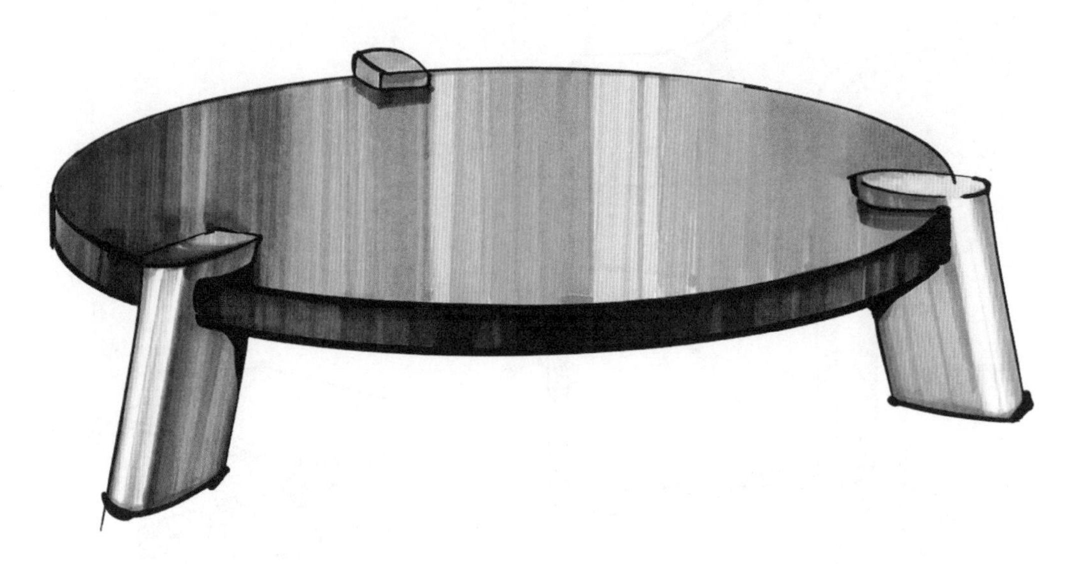

图 2–4–19　金属脚圆桌绘制步骤三

（4）使用马克笔描绘桌面木材纹理，随后用高光笔勾勒出桌子边缘。在高光笔尚未干透之际，用手指涂抹出磨砂金属的光泽效果，进而丰富画面局部细节（见图 2–4–20）。注意这种技法不能滥用，否则画面会显脏乱。

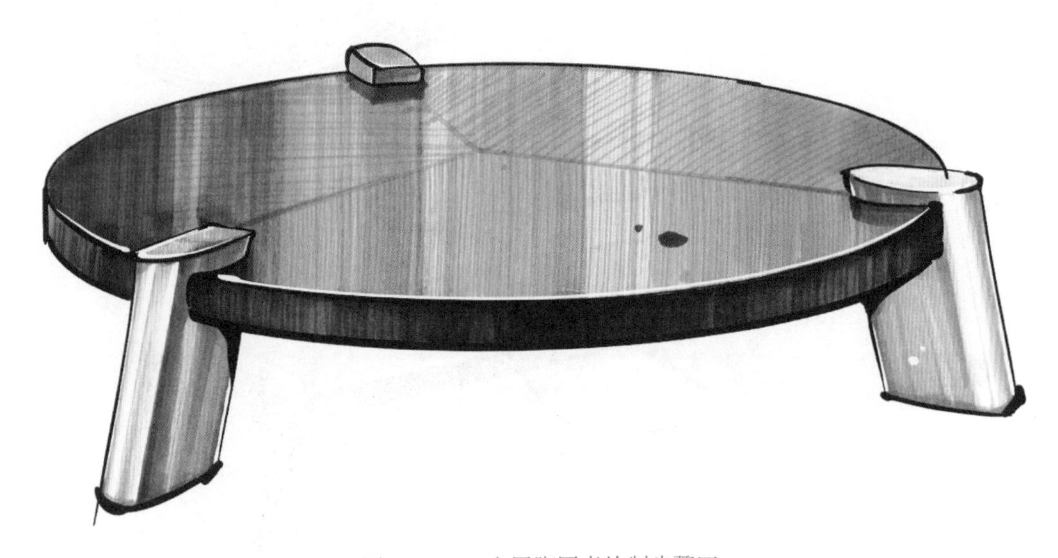

图 2–4–20　金属脚圆桌绘制步骤四

3. 金属单体家具图例

金属单体家具图例如图 2–4–21 和图 2–4–22 所示。

图 2-4-21　金属单体家具图例一

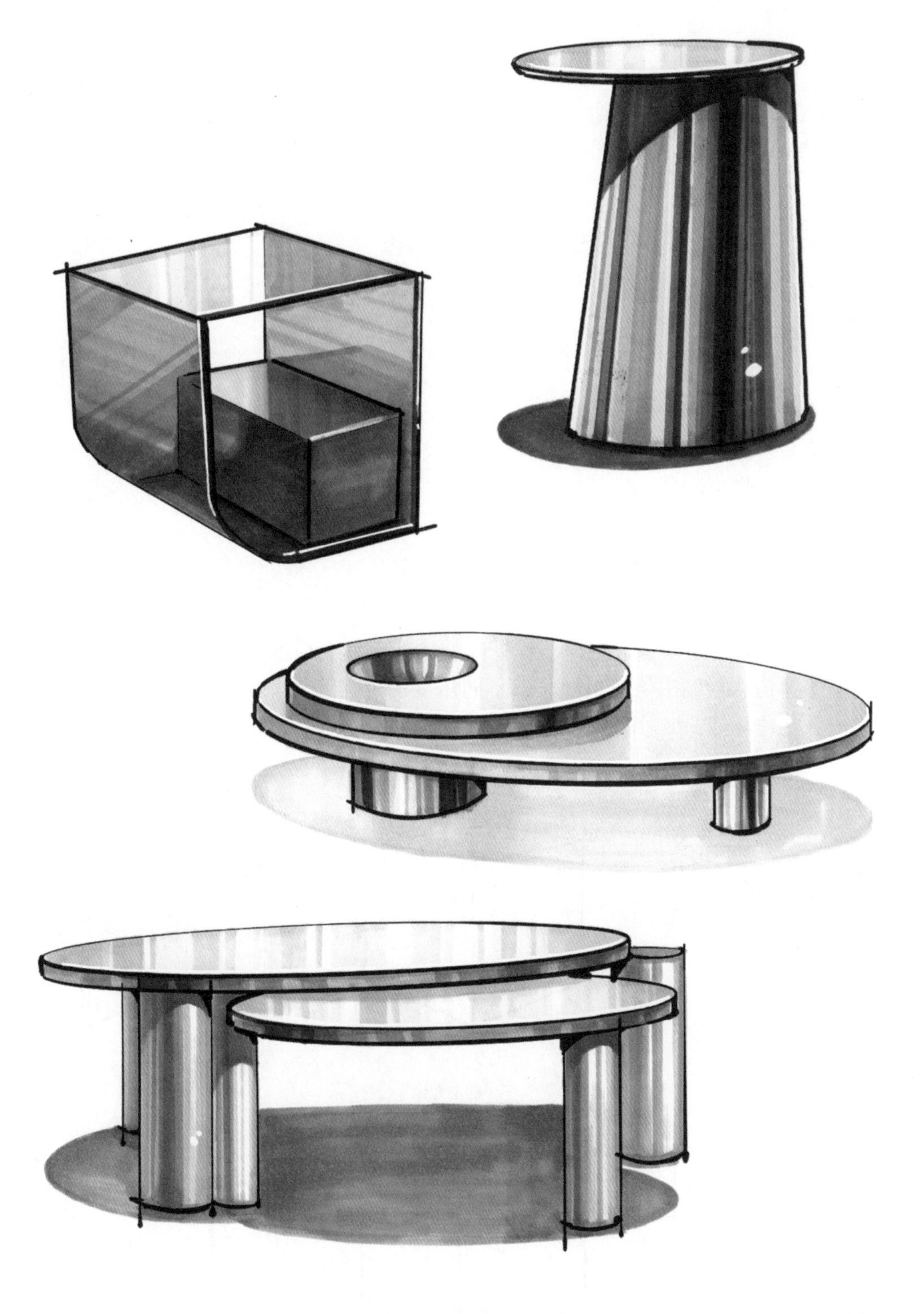

图 2-4-22　金属单体家具图例二

1. 根据步骤分析和绘制技巧，完成金属脚圆桌的绘制练习。
2. 临摹金属单体家具的图例。

第五节 玻璃单体家具手绘表现

学习目标

1. 能根据二维平面图推演出三维单体家具。
2. 能用马克笔表现玻璃质感。
3. 能独立绘制玻璃茶几。

一、二维平面推演三维空间

在室内设计手绘快速表现时，设计师会先在平面布局图中设定观察点和视角，然后根据这些信息绘制手绘效果图（以不同角度的边几为例，见图 2-5-1）。这一过程，设计师需要具备将二维平面转化为三维空间的能力。

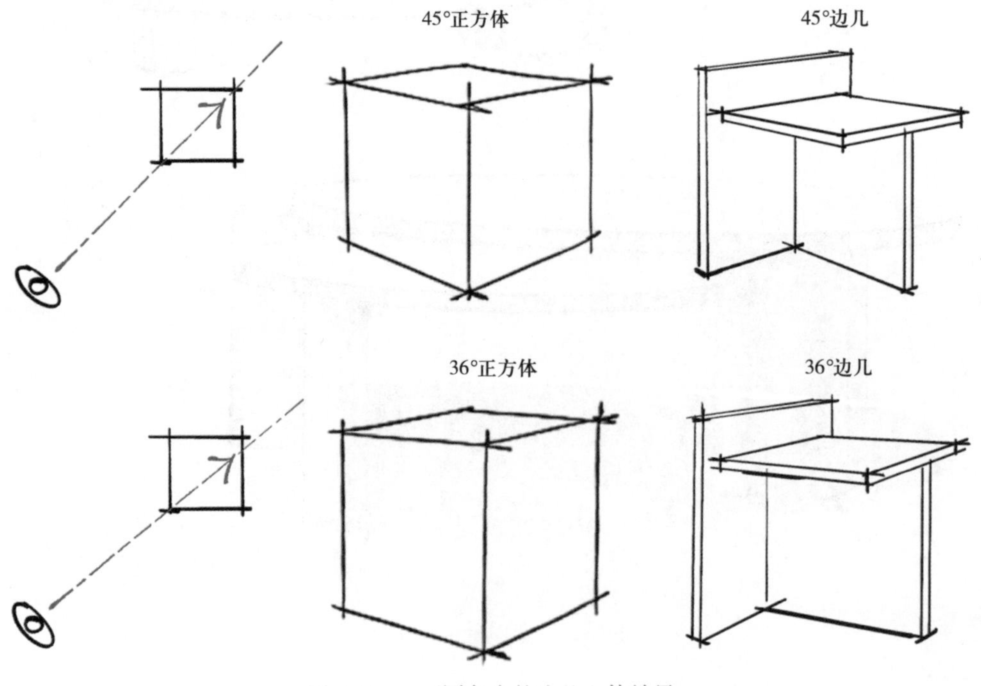

图 2-5-1　不同角度的边几立体效果

推演步骤：

绘制一个边几，尺寸如图 2-5-2 所示。其中，边几桌面尺寸为 40 cm×40 cm，高度为 50 cm。透视角度为 36°，视平线位于 80 cm 的高度，消失点在画纸之外。

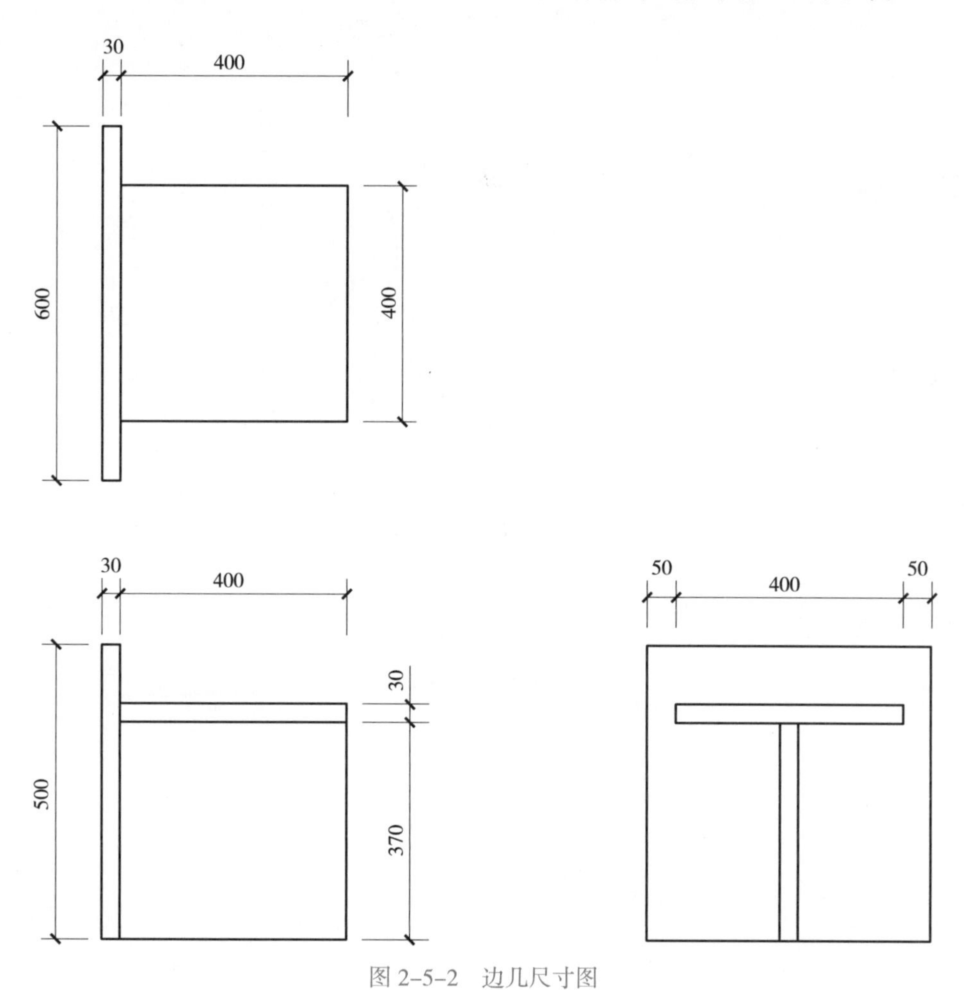

图 2-5-2　边几尺寸图

1. 确定尺寸

首先，确定视平线的具体位置。其次，确定点 1，根据透视规律，该点距离视平线 80 cm。最后，在点 1 到视平线之间找出 50 cm 的位置，由此确定边几桌面的尺寸（见图 2-5-3）。

2. 绘制桌面

在点 2 的位置，画出透视角度为 36° 正方体的顶面，并画出桌面的厚度（见图 2-5-4）。

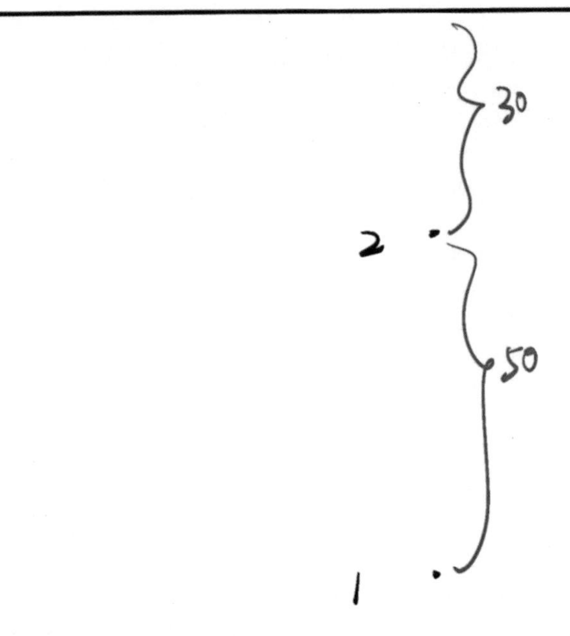

图 2-5-3　推演绘制步骤一

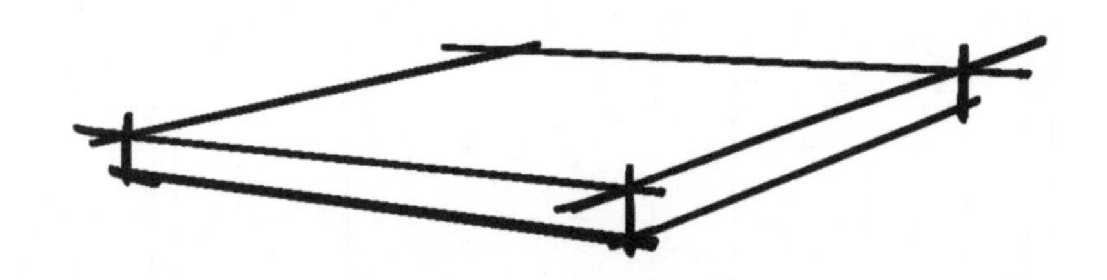

图 2-5-4　推演绘制步骤二

3. 绘制桌脚

利用桌面的对角线，确定桌脚的位置。注意桌脚底部的倾斜度差别不要太大，避免正方体产生透视畸变（见图 2–5–5）。

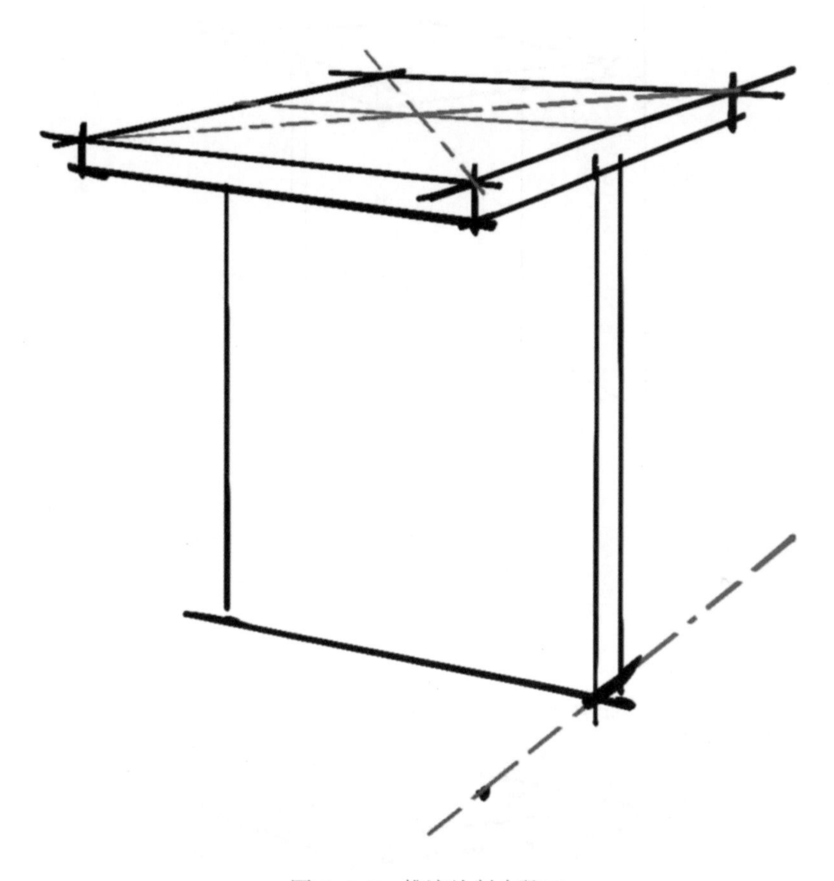

图 2–5–5　推演绘制步骤三

4. 绘制侧面

根据透视规律，桌角距离视平线 30 cm，在该距离中选取 1/3 的位置，确定边几侧面的高度（见图 2–5–6）。在绘制侧面时，要确保其透视效果与其他边协调。

5. 完善细节

绘制侧面的厚度，用黑色马克笔加重边几的暗部，以增强画面的立体感（见图 2–5–7）。

80

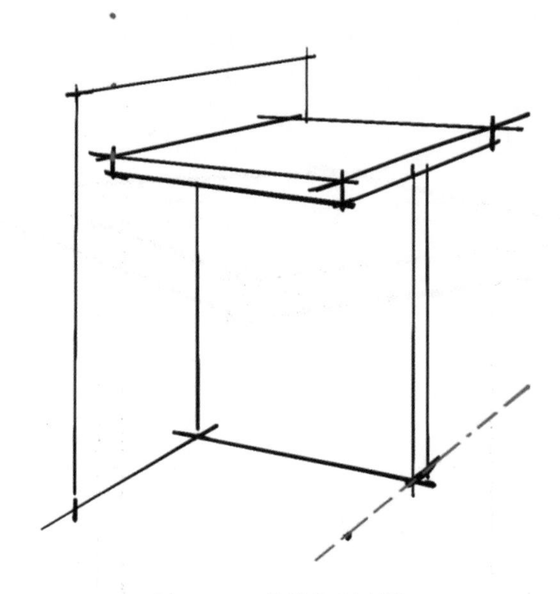

图 2-5-6　推演绘制步骤四

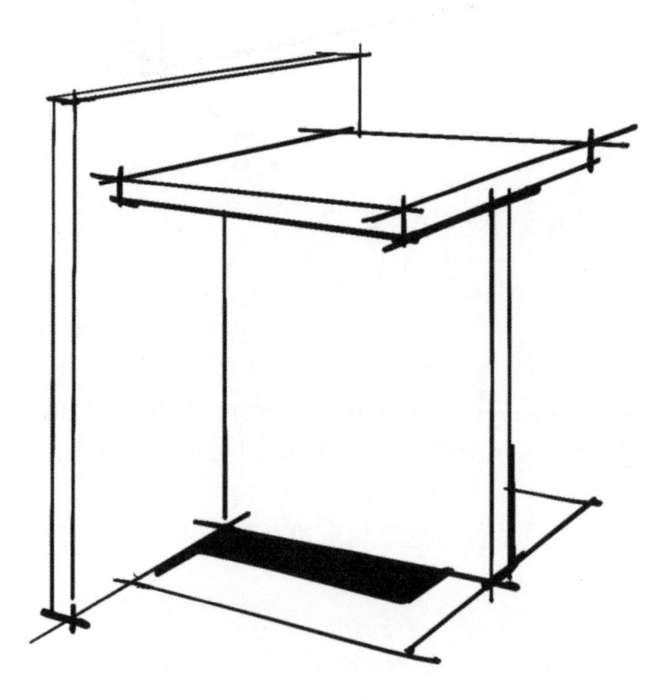

图 2-5-7　推演绘制步骤五

1. 根据边几的推演步骤进行临摹练习，熟悉尺寸控制和运笔的技巧。

2. 在边几推演步骤的基础上，绘制透视角度为 27° 的边几，熟悉二维平面转三维空间的技巧。

二、玻璃材料

1. 玻璃材料的特点

玻璃具有独特的透明性和光学性质，能为空间营造轻盈、明亮的氛围。玻璃的透明性、反射性和折射性是绘制玻璃材质的关键。常见的玻璃种类有普通透明玻璃（见图 2–5–8）、磨砂玻璃（见图 2–5–9）、镜面玻璃（见图 2–5–10）、彩绘玻璃（见图 2–5–11）等。

不同的玻璃类型在质感、透明度、纹理等方面都有所不同，对于表现玻璃质感的马克笔技法要求也有所差异。因此，在室内设计手绘快速表现中，玻璃质感的表现成为衡量设计师基本技能的重要因素之一。

在绘制玻璃材质单体时，应尽可能发挥辅助工具的作用，注意线条的流畅、力度的控制，把握和强调玻璃单体的形体结构关系，抓住其主要特征。为了准确地呈现玻璃的质感，通常会选择蓝绿色系作为主色调。过于鲜艳的颜色可能会破坏玻璃的透明感，因此建议选择通透的浅色。此外，通过结合 CG 和 BG 等不同灰色系的马克笔，可以进一步增强玻璃的层次感，使其看起来更加立体和真实。

图 2–5–8 普通透明玻璃

图 2-5-9　磨砂玻璃

图 2-5-10　镜面玻璃

图 2-5-11　彩绘玻璃

透明的玻璃窗由于受光照变化而呈现不同的特征。当室内昏暗时，玻璃就像镜面一样反射光线；当室内明亮时，玻璃表现为不仅透明，还对周围产生一定的映照，所以在表现时要将透过玻璃看到的物体画出来，把反射面和透明面相结合，使画面更有活力。外窗反射的一般是天空的景致，加上玻璃的固有色。

2. 玻璃材质手绘表现要点

在进行玻璃材质手绘表现时，应注意以下两个方面：

（1）透明玻璃的表现

渲染透明玻璃时，首先要将被映入的建筑、室内的景物绘制出来，然后按照所画玻璃固有的颜色用平涂的方法绘制一层颜色即可。对于一栋建筑来说，在底层的玻璃可以用这种方法进行渲染，但随着高度的增加，就要减弱对玻璃刻画的程度，加大玻璃的反光度。

（2）反光玻璃的表现

先铺一层玻璃的固有色作为底色，作画的笔触应该整齐，不宜凌乱而琐碎。同时，要根据窗户角度的不同，除了用玻璃自身所固有的颜色进行渲染外，还需要对周围环境的色彩加以描绘与表现。对于建筑物的玻璃，应采取反射和通透相结合的形式，其反射天空和周围环境的描绘要处理好明暗与虚实的变化。透映室内的物体要以概括、抽象的手法表现，可选用冷灰色调的颜色进行简略的概括。如果玻璃的固有色是暖色，也应在其中加入冷色进行表现。如果是街道两旁的建筑，其玻璃上只要画出树干以上的景物即可，其他的人物、车辆等可不画出，以保证画面的整体效果。

3. 玻璃质感的绘制步骤

（1）绘制一个边长为 6 cm 的正方形（见图 2–5–12）。

（2）选用浅蓝色的马克笔，用湿画法铺玻璃的底色，注意颜色变化（见图 2–5–13）。

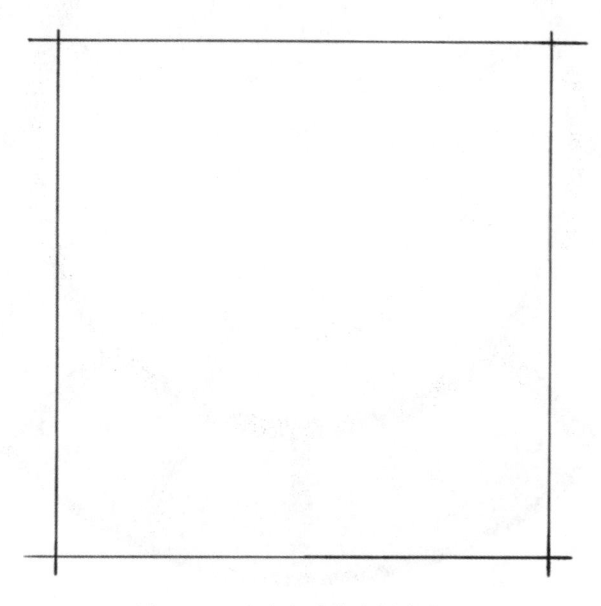

图 2–5–12　玻璃质感绘制步骤一

图 2–5–13　玻璃质感绘制步骤二

（3）在底色干透后，选用较深的蓝色马克笔，对玻璃表面进行反射效果的描绘。绘画过程中，要保持笔触轻盈且稳定，确保玻璃色彩的通透与亮丽，使玻璃反射效果更具有真实感（见图 2–5–14）。

（4）运用高光笔勾勒出玻璃表面的高光部分，同时添加一些额外的点，以丰富整体画面效果。可以在高光笔还没干透的时候进行适度的涂抹，以丰富玻璃反光的过渡效果（见图 2–5–15）。

图 2–5–14　玻璃质感绘制步骤三

图 2–5–15　玻璃质感绘制步骤四

4. 玻璃质感图例

玻璃质感图例如图 2-5-16 所示。

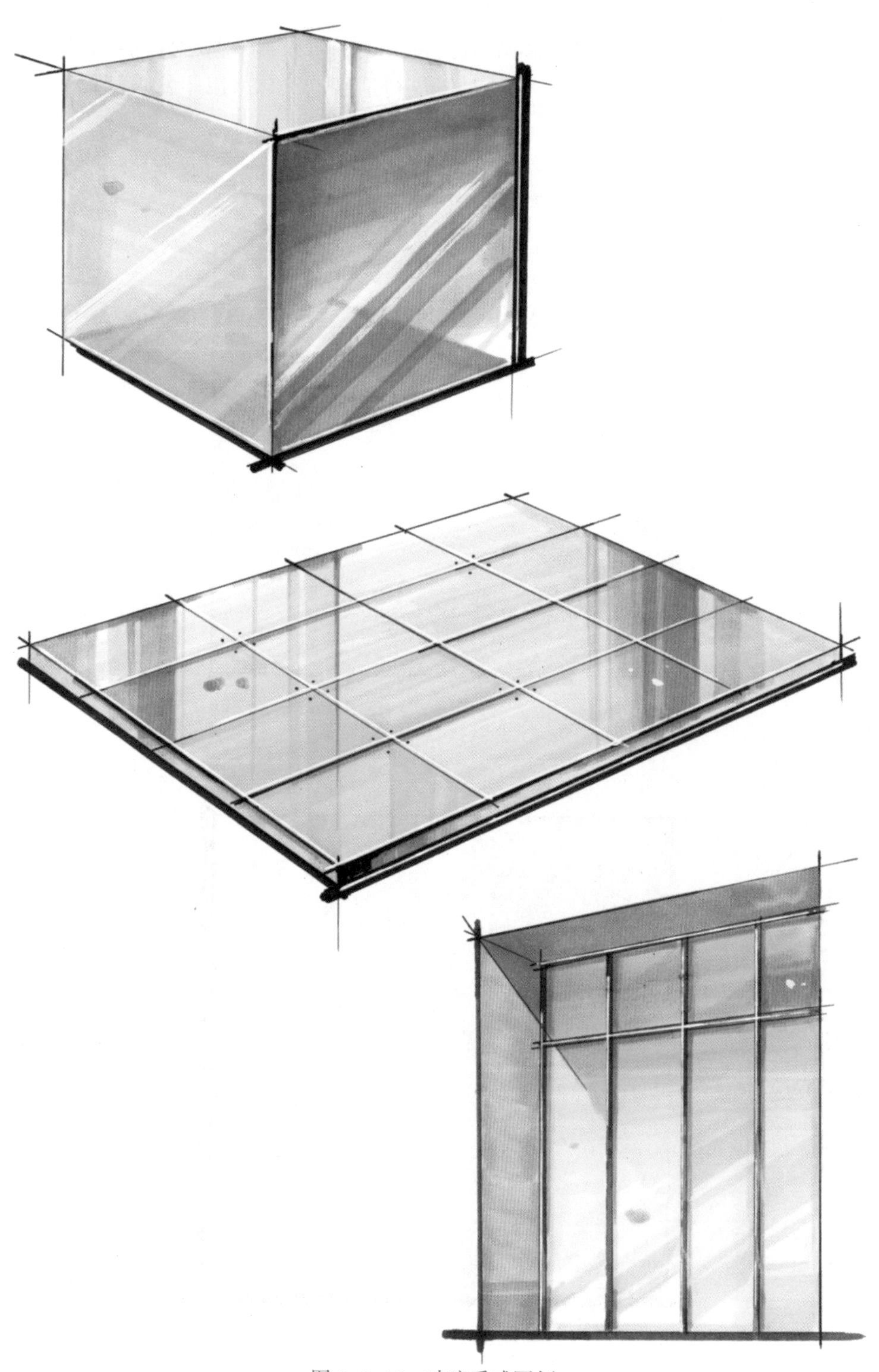

图 2-5-16　玻璃质感图例

1. 根据步骤分析和绘制技巧，完成玻璃材料的上色练习。
2. 临摹玻璃质感的图例。

三、玻璃单体家具

1. 玻璃单体家具的表现技法

（1）形体结构和线条表现

玻璃作为一种透明材质，以其轻盈的形体和特定的折射率而著称。在绘制玻璃单体家具时，应采用较细的线条，以区别于其他材质的家具。此外，为了准确表现玻璃的反射和折射效果，透过玻璃呈现的物体线条应做留白处理，以模拟光线通过玻璃后的散射和弯曲现象。当玻璃的厚度较大时，透过玻璃观察到的物体需要表现出一定的错位，以增强其立体感和真实感。

（2）着色表现

在选择马克笔时，应选用具有透明感颜色的马克笔，如蓝绿色调的浅色马克笔，避免使用过于浓重的色彩，以保持玻璃的透明特质。在上色时采用平涂手法处理，且尽量避免出现重叠，以保持玻璃的轻盈感。

使用马克笔表现玻璃折射效果时，采取 45° 角运笔技巧，可以模拟光线在玻璃中的曲折路径。在绘制过程中，注意调整笔触的粗细和线条间距，实现线条的自然过渡，确保整体画面和谐，以达到最佳的视觉效果。

2. 玻璃茶几的绘制步骤

绘制一张玻璃茶几，视平线位于 1.5 m 的高度，透视角度为 36°，茶几的尺寸如图 2–5–17 所示。

（1）使用视平线和透视缩变规律确定茶几的透视关系和尺寸比例（见图 2–5–18）。鉴于玻璃厚度较薄，在绘制线稿阶段可暂且忽略，在后期呈现其立体感。

（2）用浅色的马克笔铺一层基础底色，并简单画出玻璃的厚度和光泽（见图 2–5–19）。上色过程中需保持耐心，运笔轻盈，并确保颜色干透后再继续叠色，以呈现玻璃的透明特质及反射效果。

（3）用较深的颜色加深前方玻璃的侧面，以增强其立体感。在茶几的侧面，运用单色叠加技巧画出渐变效果，同时添加光反射细节，以提升画面层次感（见图 2–5–20）。

（4）使用高光笔描绘边缘。可用高光笔覆盖部分线稿，以提升玻璃表面的反射特性（见图 2–5–21）。

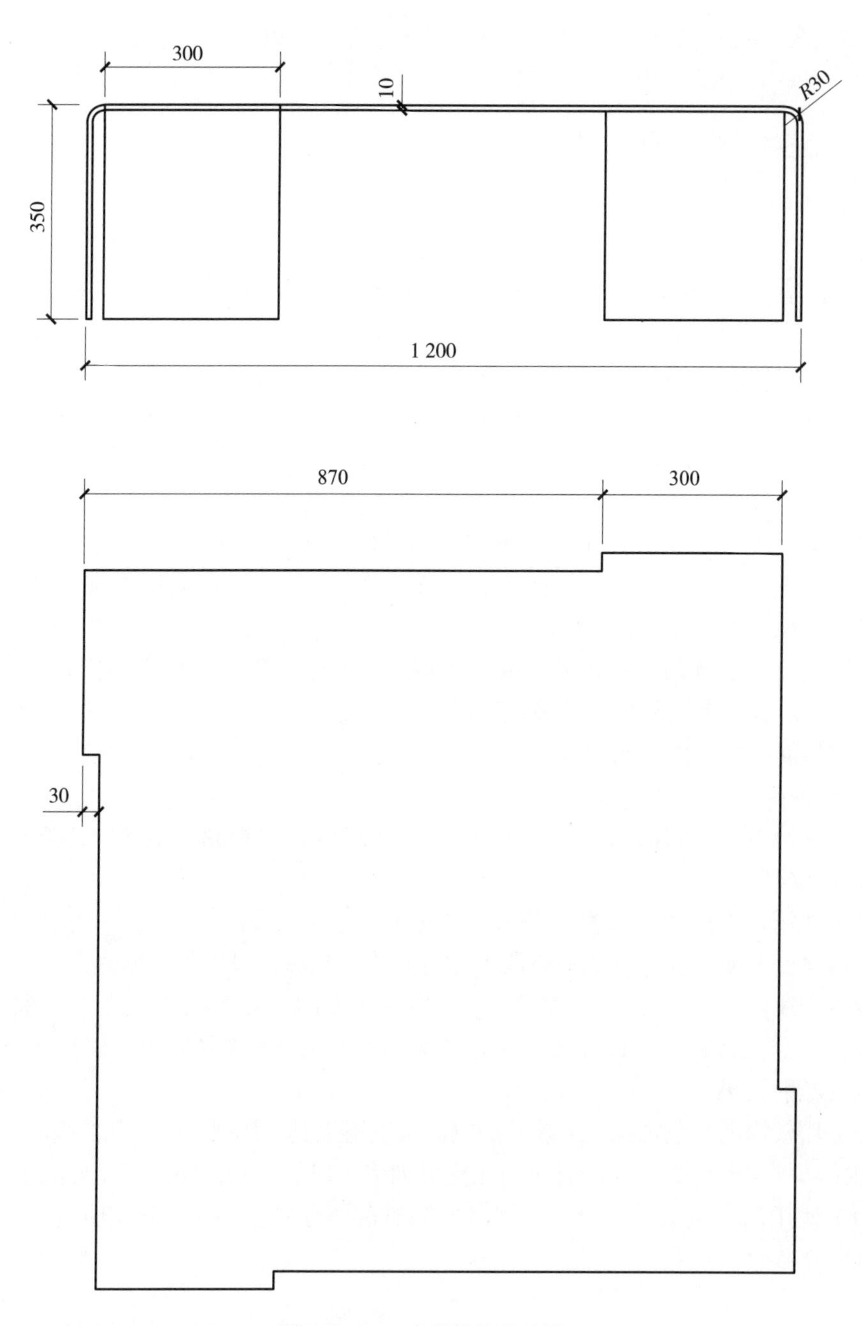

图 2-5-17　玻璃茶几尺寸图

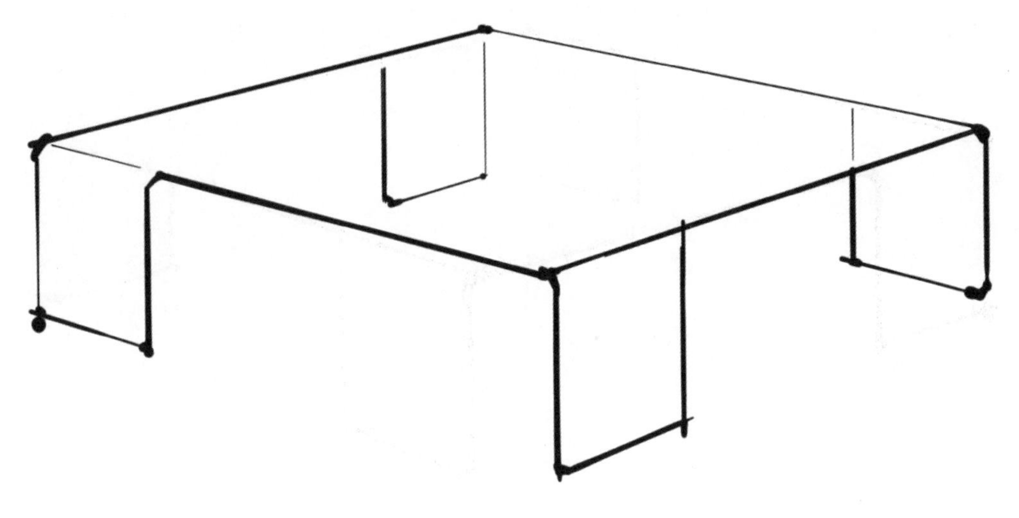

图 2-5-18　玻璃茶几绘制步骤一

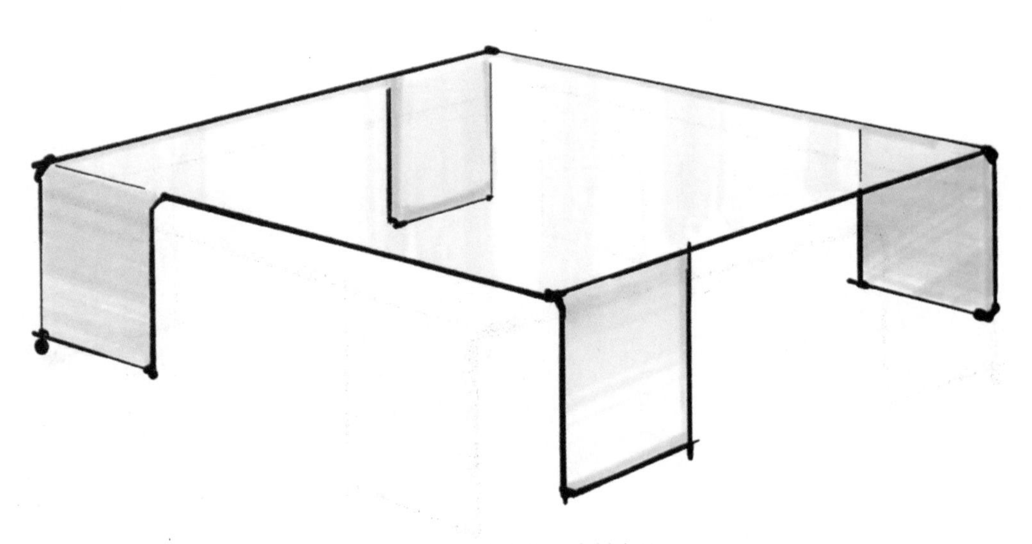

图 2-5-19　玻璃茶几绘制步骤二

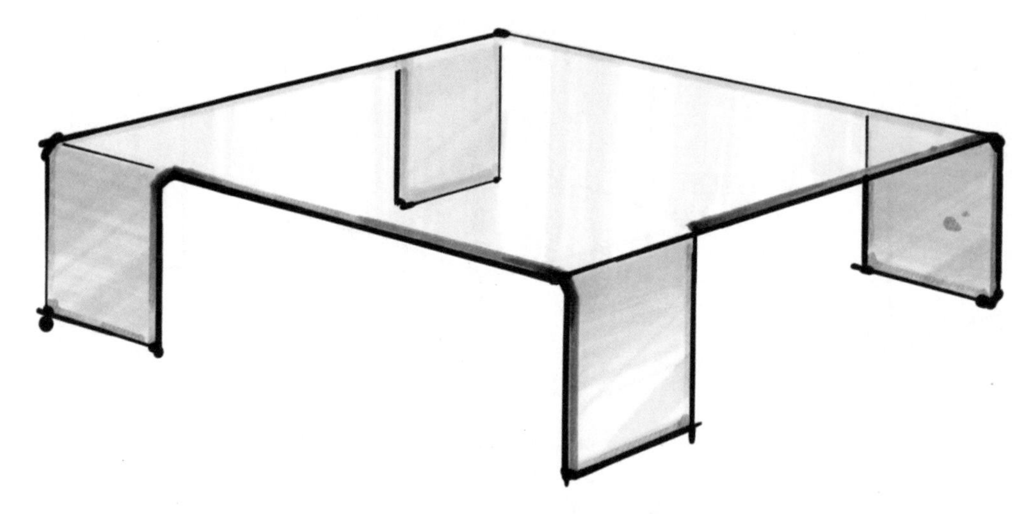

图 2-5-20　玻璃茶几绘制步骤三

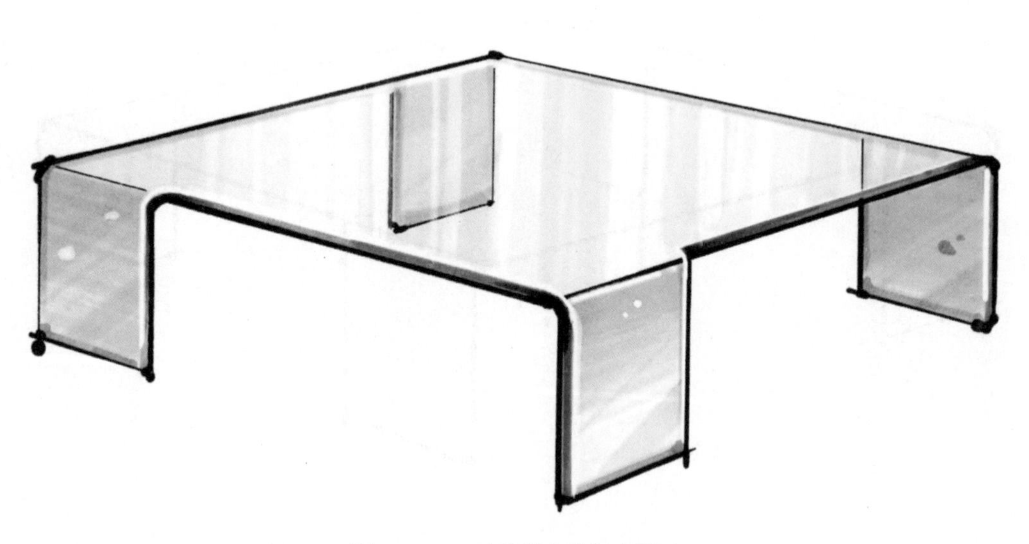

图 2-5-21　玻璃茶几绘制步骤四

3. 玻璃单体家具图例

玻璃单体家具图例如图 2–5–22 和图 2–5–23 所示。

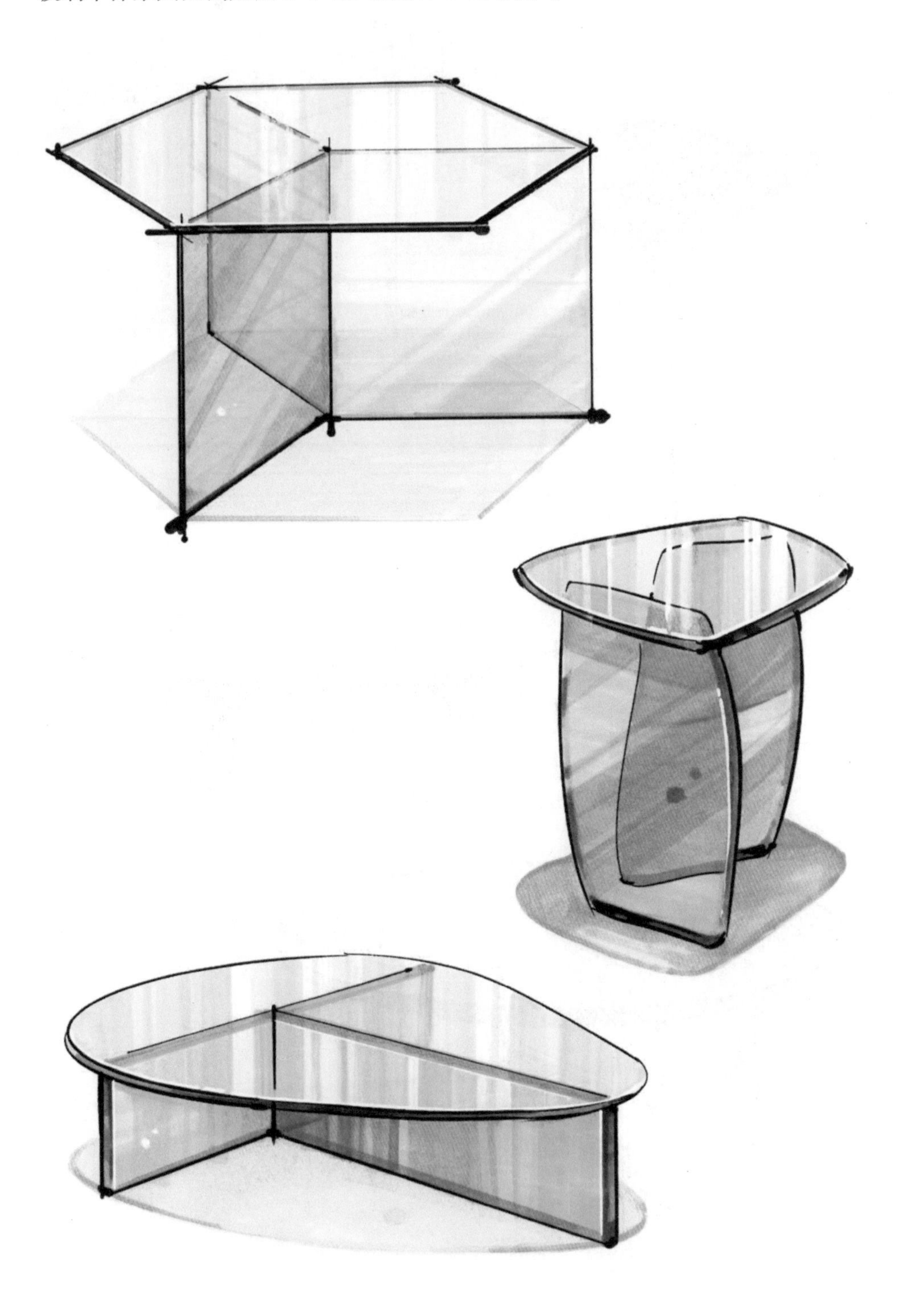

图 2–5–22　玻璃单体家具图例一

图 2-5-23　玻璃单体家具图例二

1. 根据步骤分析和绘制技巧，完成玻璃茶几的绘制练习。
2. 临摹玻璃单体家具的图例。

第三章 空间手绘表现

本章知识点

◆一点透视空间手绘表现。
◆两点透视空间手绘表现。
◆一点斜透视空间手绘表现。
◆光影空间手绘表现。

透视能够为二维平面赋予深度，创造出三维空间的视觉效果。而光影则可通过明暗的交织，塑造空间的形态、质感和色彩。在室内设计手绘的世界里，透视与光影犹如一对默契的伙伴，共同为画面注入生命和活力。掌握它们不仅可以提升室内设计手绘作品的美感，而且能增强自身对空间的理解和表达能力。

第一节 一点透视空间手绘表现

学习目标

1. 能以一点透视的方式正确绘制正方体矩阵。
2. 能运用一点透视空间定位法。
3. 能绘制一点透视室内设计手绘效果图。

一点透视，也称平行透视，是室内设计手绘表现中一种常用的透视方法。它的特点是画面中的线条保持水平或垂直，并存在一个明确的消失点。一点透视空间手绘表现具有庄重严肃、平衡对称的视觉效果，常用于表现室内空间的深度和立体感（见图 3-1-1）。

掌握一点透视对于室内设计师来说是非常重要的，因为它能够帮助设计师更好地理解和表现室内空间的结构和比例，从而创造出更加舒适和美观的室内环境。

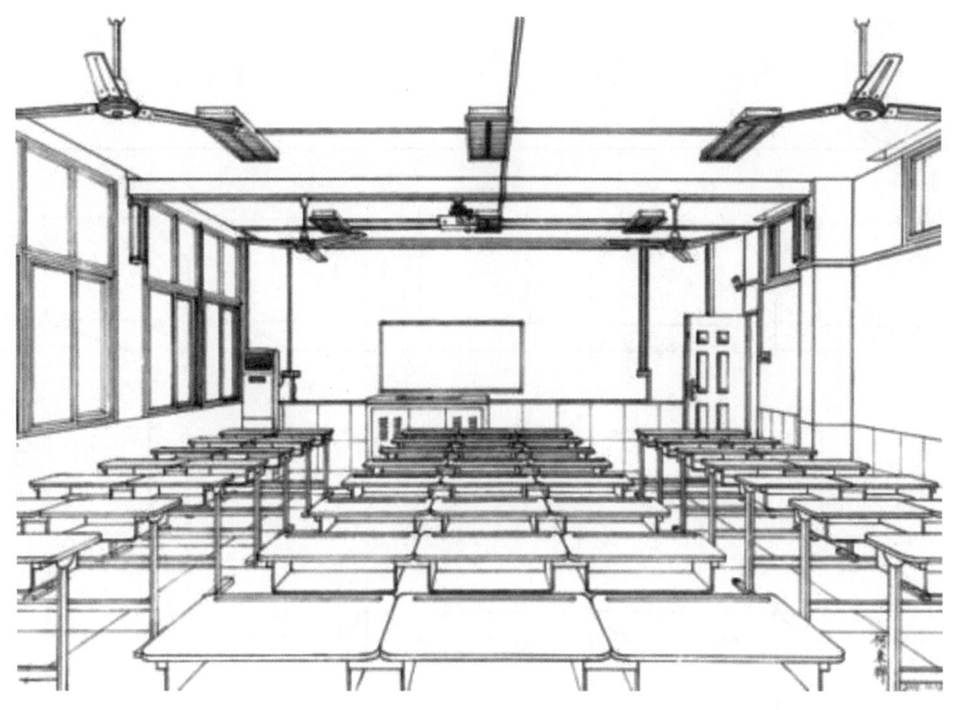

图 3-1-1　一点透视空间手绘表现

一、一点透视正方体矩阵

练习一点透视正方体矩阵（见图 3-1-2）对于掌握一点透视技巧具有非常重要的意义。通过绘制不同角度、不同位置的正方体，学习者可以掌握确定消失点位置和根据消失点准确绘制平行线的技巧，同时可以锻炼手眼协调能力，使其在绘画时更加自如，并为绘制复杂场景打下坚实的基础。

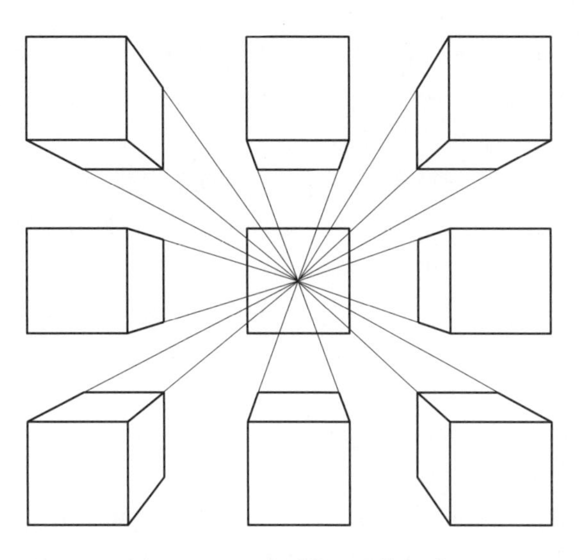

图 3-1-2　一点透视正方体矩阵

1. 训练要求

一点透视正方体矩阵的绘制练习有以下几点要求（见图 3-1-3）：

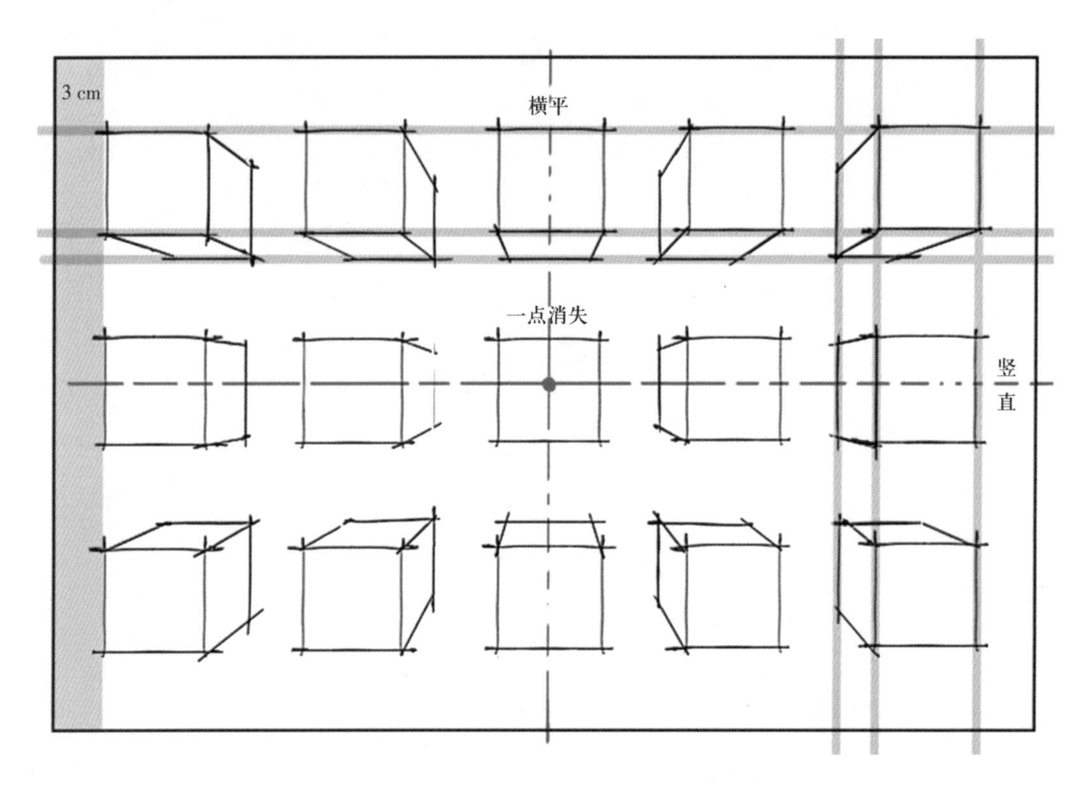

图 3-1-3　一点透视正方体矩阵绘制练习

（1）将 A3 纸分别进行横向和竖向对折，确保折线精准对齐。其中，横向折线被定义为视平线，两条折线的交点被确定为消失点。这一步骤需要严格执行，以确保后续操作的准确性。

（2）在纸张边缘预留大约 3 cm 的边距，随后在纸张上绘制 15 个边长约为 5 cm 的正方体。这些正方体应按照横向 5 个、竖向 3 个的布局进行排列。

（3）在构图过程中，必须确保画面的横平竖直，遵循“一点消失”的原则。在画面的横排中，所有正方体需保持水平对齐；在画面的竖排中，所有正方体则需维持垂直对齐。此外，所有的消失线都应最终汇聚于消失点。通过遵循这些严格的构图规则，可以确保训练的精确性和有效性。

（4）如图 3-1-3 所示，第三列与第二行的正方体必须位于两条折线上，以确保训练的完整性。

2. 绘制技巧

（1）首先，需要绘制正方体的正面，一个边长约为 5 cm 的正方形。在绘制过程中，应特别注意绘制直线的技巧。

（2）其次，绘制正方体的消失线。这一步务必保持冷静和耐心，先观察再绘制。通过虚空拉线的方式确定消失线的方向，在确认好方向后再绘制。消失线的长度不用

画太长，如果后期发现不够长，可以使用接点技巧进行补充。

（3）最后，在绘制两个透视面时，要确保所有横线与竖线均与纸边平行。

（4）正方形对角线具有平分其边角的特性，这一性质在透视面中同样适用。运用这一特性，可以帮助确定正方体在透视过程中的缩变距离（见图 3–1–4）。

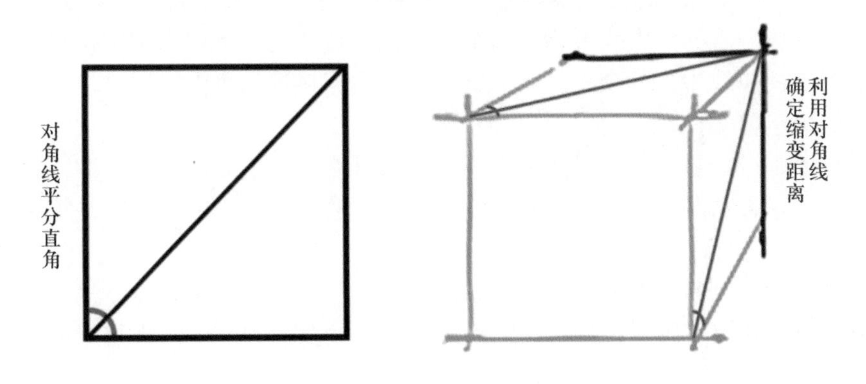

图 3–1–4　确定缩变距离的技巧

3. 容易出错的地方

一点透视正方体矩阵绘制练习时容易出错的地方有以下几方面，如图 3–1–5 所示：

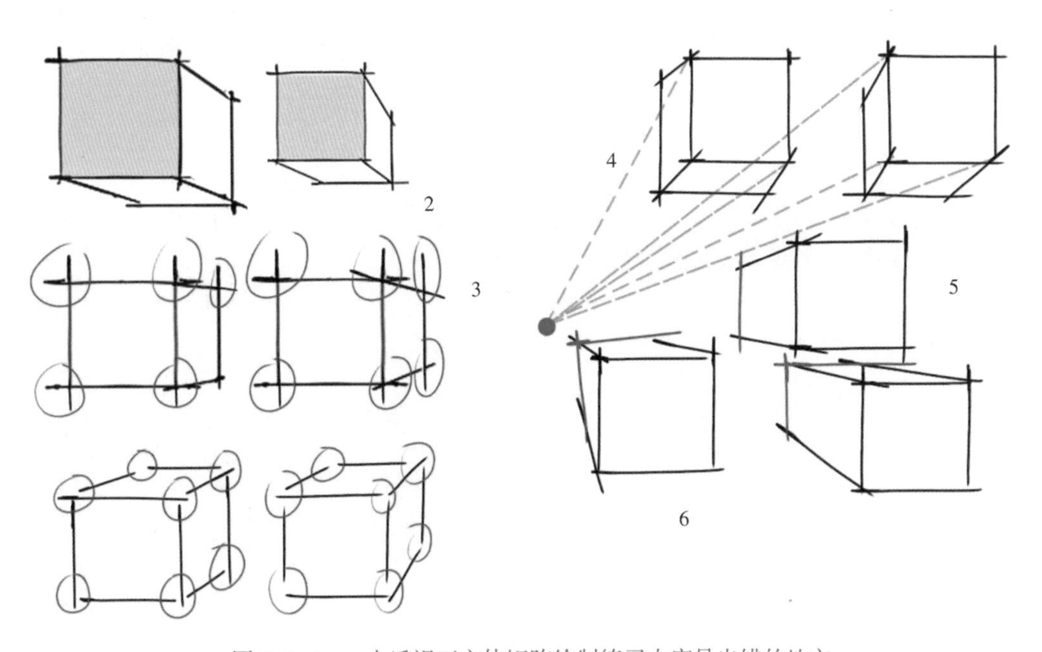

图 3–1–5　一点透视正方体矩阵绘制练习中容易出错的地方

（1）初学者容易过度依赖尺子进行绘画，从而限制个人的创造力和表现力。为了提升绘制技巧，应勇敢尝试徒手绘画。在绘画过程中，若有失误，应以积极的心态面对，并通过不断地练习来纠正错误。

（2）正方体正面的绘制尺寸若超出规定范围，即大于或小于标准尺寸超过 1 cm，均视为不合格。练习者需重新调整对线的控制力，确保绘制的正方体大小在允许偏差范围内。

（3）正方体的线条画得太长导致画面毛躁，或因为线条画得太短导致没有相交。在绘制之前，需仔细思考并明确线条的长度和交点位置，以确保训练的质量。

（4）正方体矩阵的消失线不能全部汇聚于消失点。建议可以先虚空拉线，眼睛在端点和消失点的拉线中找一个距离较近的点，然后连接这两个点。通过这一步骤，可以有效降低操作难度。

（5）在绘画过程中，若透视面掌握不当，都可能导致正方体被错误地绘制为长方体。为了改善这种情况，建议认真阅读绘制技巧中的第 4 点，确保理解并掌握正确的透视关系，然后进行绘画实践。

（6）初学者在绘制接近消失点的正方体时，容易把远处的横线与竖线画歪，导致透视关系出错。建议在练习过程中始终确保正方体的横向和竖向边缘与纸边对齐，这一做法将有助于在后续阶段快速检验透视关系的正确性。

4. 练习方法

（1）先徒手完成一张一点透视正方体矩阵练习，有不满意的地方先别急着涂改。待整个练习完成后，使用尺子检验所有正方体的边线是否对齐，并确认所有的消失线都准确汇聚于消失点。若在检验过程中发现错误，使用红笔进行修正。

（2）再徒手完成一张练习，在绘画过程中务必重点关注上一张经红笔修正过的线条。完成后，再次使用尺子进行检查，如果有错误，继续使用红笔进行修正。在接下来的练习中，每次都努力调整并纠正错误，直至达到准确无误。通过这种训练，可以提高眼睛的观察力和强化手的控制力。

（3）在确保正方体矩阵的形态与透视关系都准确后，可以在先前完成的正方体基础上，增加线条以切割面块（见图 3-1-6）。这一步骤不仅有助于巩固初学者对透视原理的理解，还能在实践中锻炼其对线条的控制力。

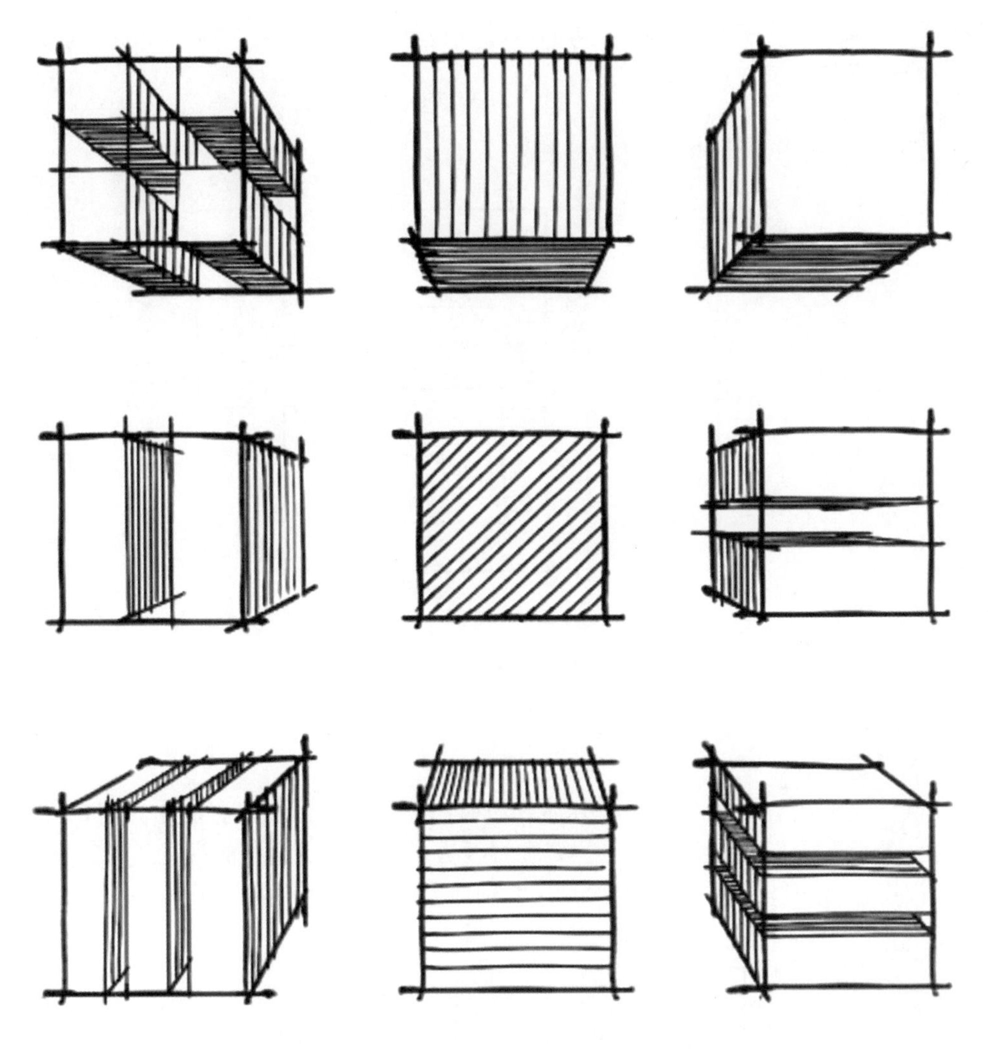

图 3-1-6　一点透视正方体矩阵的线条强化练习

巩固与提高

1. 根据训练要求，绘制一点透视正方体矩阵。
2. 根据训练要求，进行一点透视正方体矩阵的线条强化练习。

二、一点透视空间定位法

在室内设计手绘表现领域，空间定位是一项至关重要的技能。尤其是在处理大型或复杂的室内空间时，空间定位法能够帮助设计师准确呈现画面中所有物体的尺寸比例，从而提升画面的真实性和准确性。

本章将详细介绍一点透视空间定位法，演示如何从平面布局图逐步推演出一点透视的立体效果图。具体的实践图例是一个尺寸为 3 600 mm × 4 800 mm × 3 000 mm 的室内空间。在此空间平面布局图中，我们可以看到五个方体，每个方体的具体尺寸与位置如图 3–1–7 所示。

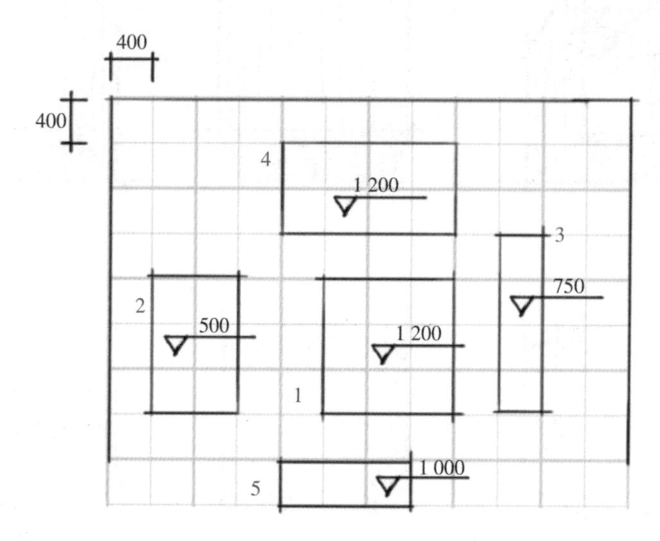

图 3–1–7　空间定位实践图例的平面布局图

1. 绘制步骤

（1）选定站点位置

先确认画面内容的边界，由于方体 5 为遮挡物，所以画面内容的边界定在方体 5 的前方。然后在平面图上确定站点位置和视线方向，为确保最佳的视觉效果，站点的位置建议定在空间进深一半（*AB*）的 1 ~ 1.5 倍范围内（见图 3–1–8）。

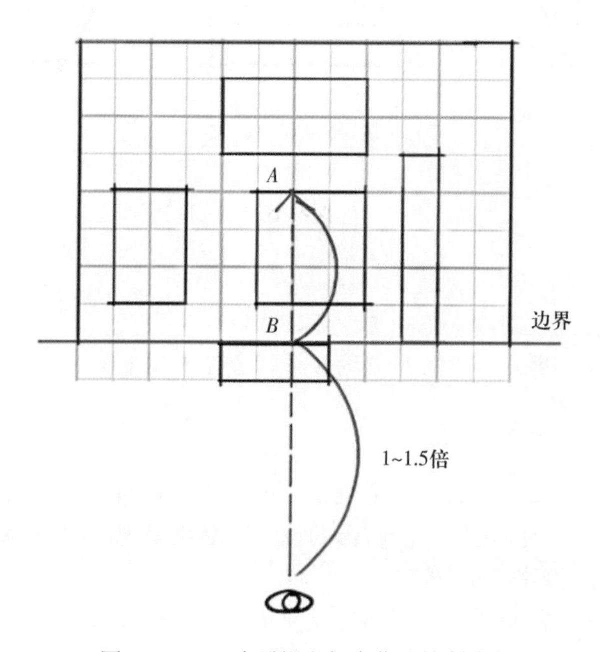

图 3–1–8　一点透视空间定位法绘制步骤一

（2）确定画面构图

在画面的边缘预留约 3 cm 的空白区域，以确保整体构图不会显得过于拥挤。当移除这部分预留的边距后，所得到的横向距离将作为实践图例的开间。为了更精确地定位画面中所有物体的尺寸，将这段开间等分为五份，从而确定画面中的一米距离（见图 3-1-9）。

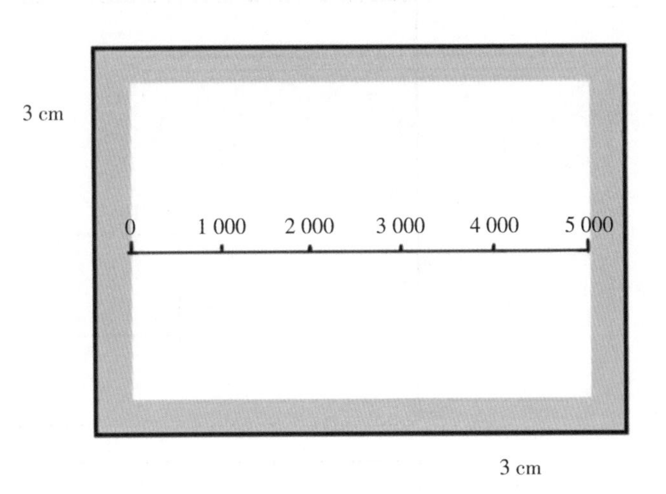

图 3-1-9　一点透视空间定位法绘制步骤二

（3）确定尺度比例

首先，把视平线的位置定在画面的中央偏上方处，以轻微提高画面的视觉焦点。其次，将两侧的点向中心靠拢一点，以表现宽度为 4 800 mm 的图例开间。最后，利用已确定的一米距离，确定实践图例的垂直高度（见图 3-1-10）。

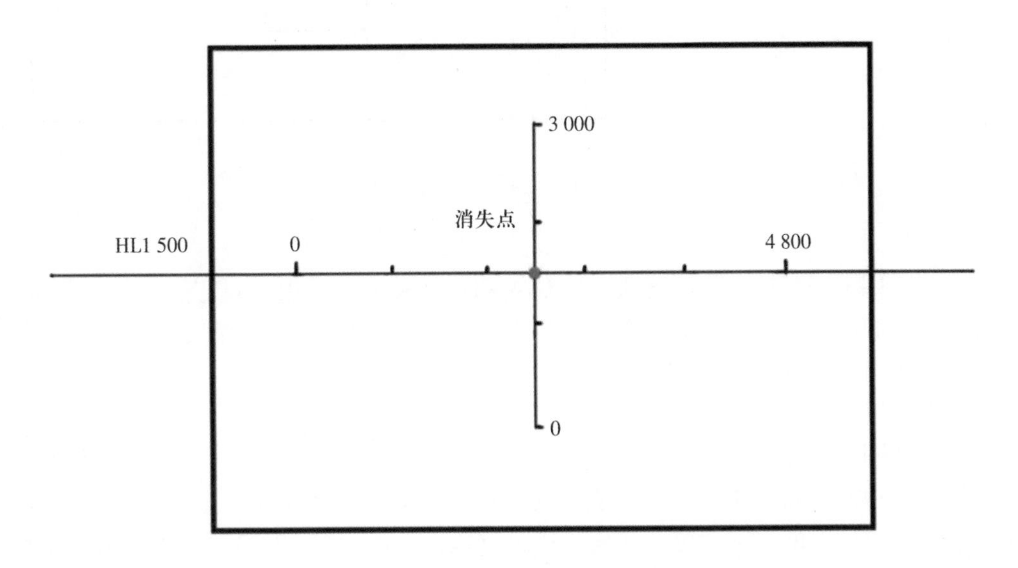

图 3-1-10　一点透视空间定位法绘制步骤三

（4）绘制方体 1

首先，根据视平线确定方体 1 的位置、尺寸及透视关系。其次，在平面图上将站点与方体 1 的左上角进行连线，当连线与方体 1 正面上的红点相交时，即可确定方体的缩变距离。随后完成方体 1 的绘制（见图 3–1–11）。

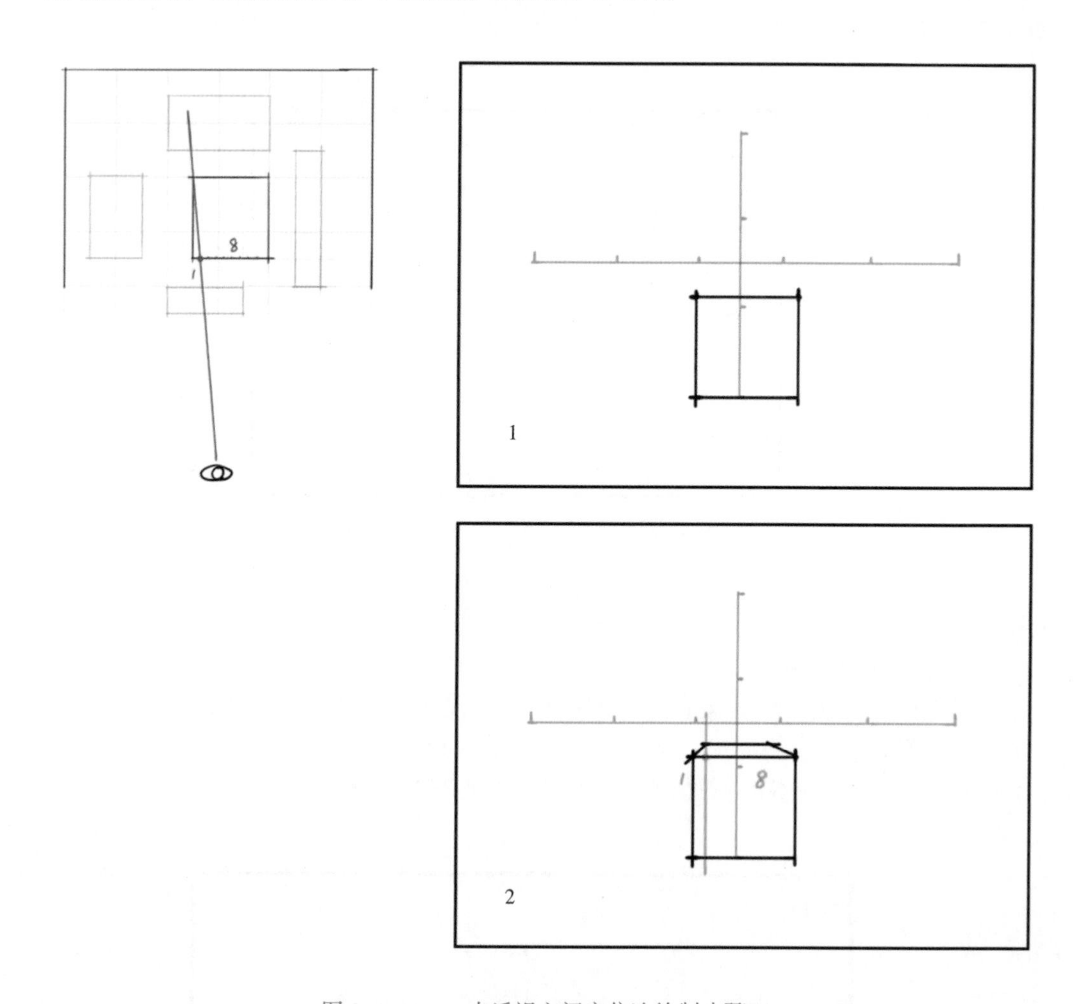

图 3–1–11　一点透视空间定位法绘制步骤四

（5）根据方体 1 定位与它水平的物体

在平面图上对比方体 2 与方体 1 的位置和尺寸关系，采用空间定位法，对方体 2 进行精确绘制。在平面推演的过程中，得出方体 2 的左上角位于方体 2 正面 2.5 : 1 的位置，从而确定方体 2 的缩变距离。随后完成方体 2 的绘制（见图 3–1–12）。

（6）根据方体 1 定位比它靠前的物体

在平面图上对比方体 3 与方体 1 的位置和尺寸关系，以点的方式定出与方体 1 水平的切面大小。然后画出方体 3 的透视线，注意透视线要超过切面。最后，采用空间定位法得出方体 3 的左下角位于切面的中央位置，从而确定方体 3 的缩变距离。随后完成方体 3 的绘制（见图 3–1–13）。

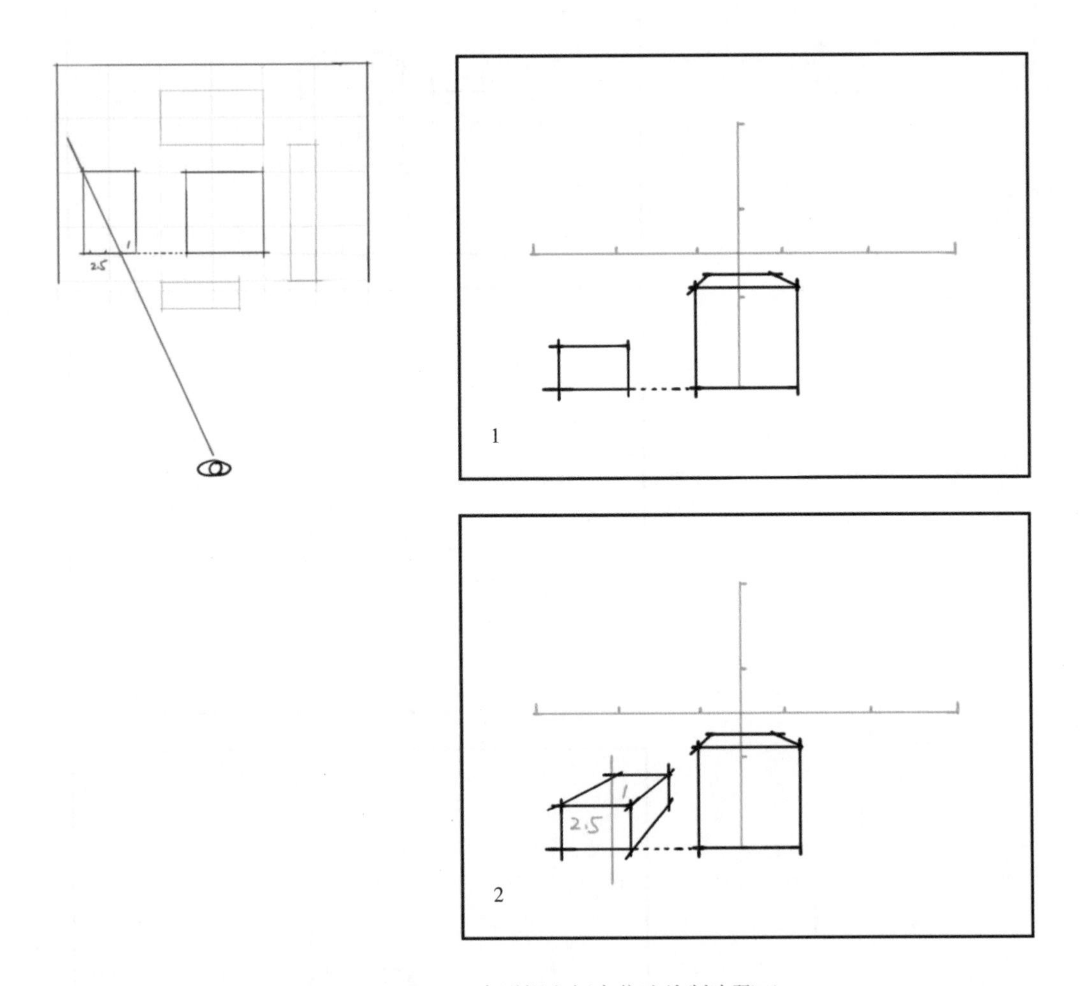

图 3-1-12 一点透视空间定位法绘制步骤五

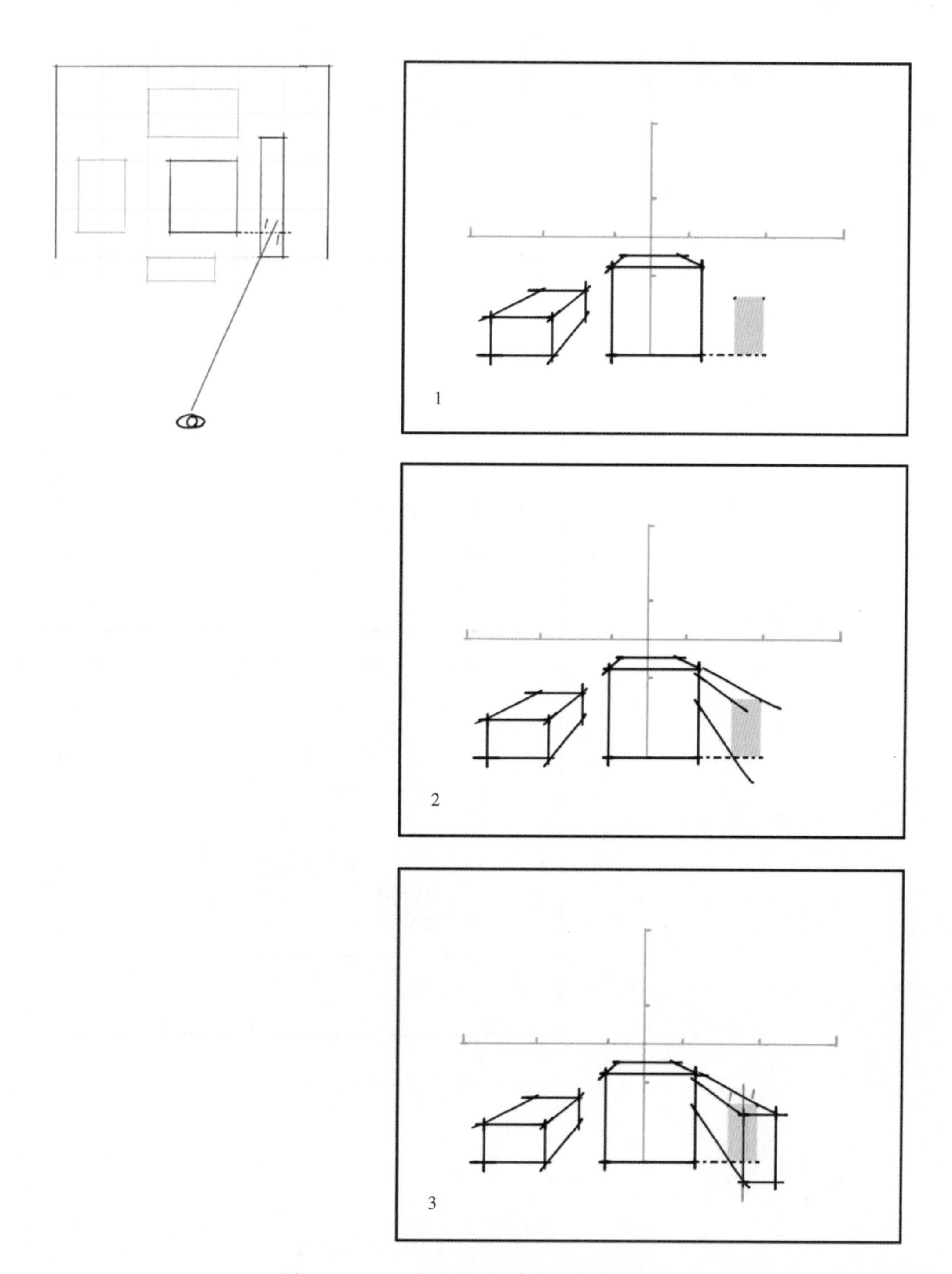

图 3-1-13　一点透视空间定位法绘制步骤六

（7）根据方体 1 定位比它靠后的物体

在平面图上对比方体 4 与周边方体的位置和尺寸关系，推演出方体 4 左下角的位置，随后完成方体 4 正面的绘制。然后采用空间定位法可知方体 4 的左上角与方体 1 的左下角在空间上重合在一起，从而确定方体 4 的缩变距离。随后完成方体 4 的绘制（见图 3–1–14）。

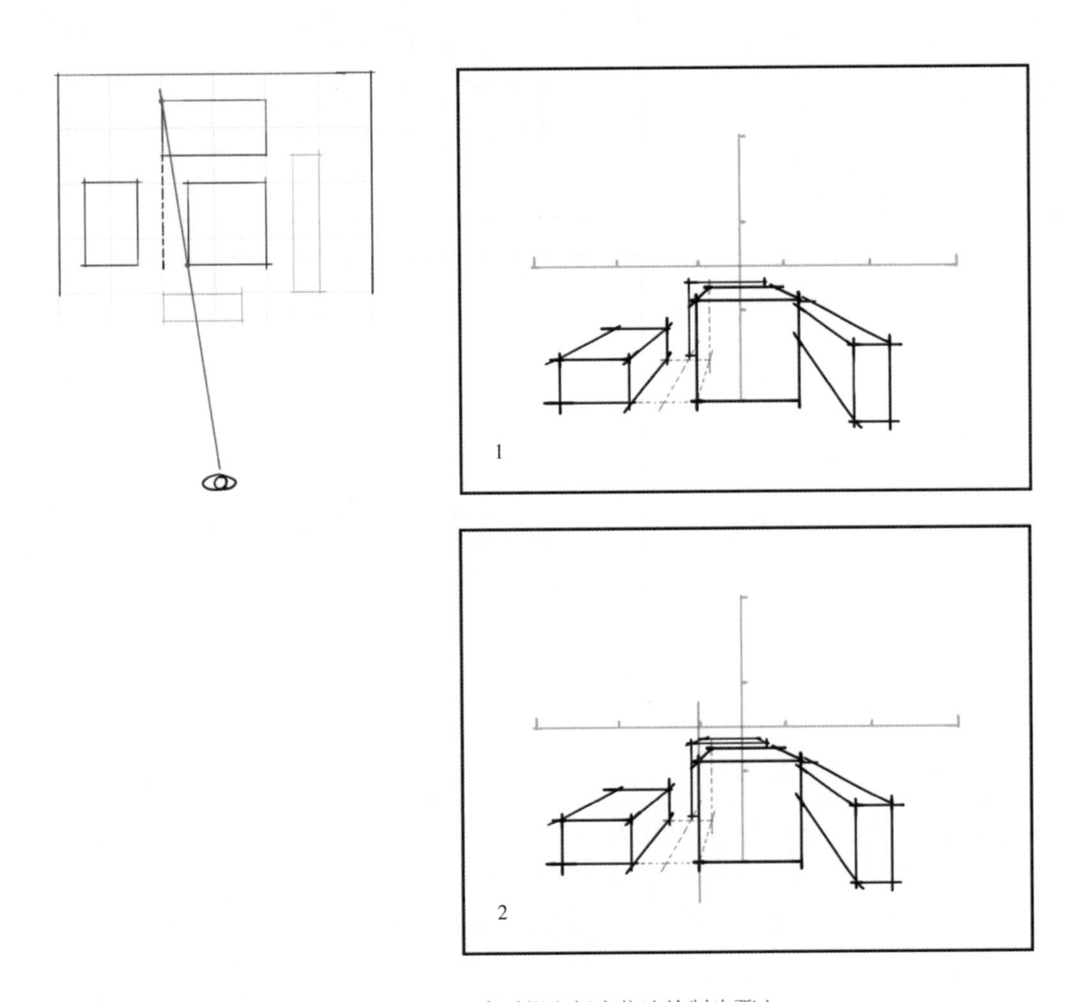

图 3–1–14 一点透视空间定位法绘制步骤七

（8）根据方体 1 定位在它前面的物体

在平面图上对比方体 5 与周边物体的位置和尺寸关系。采用空间定位法，借助方体 1 和方体 2 确定方体 5 的位置、尺寸和透视关系（见图 3–1–15）。

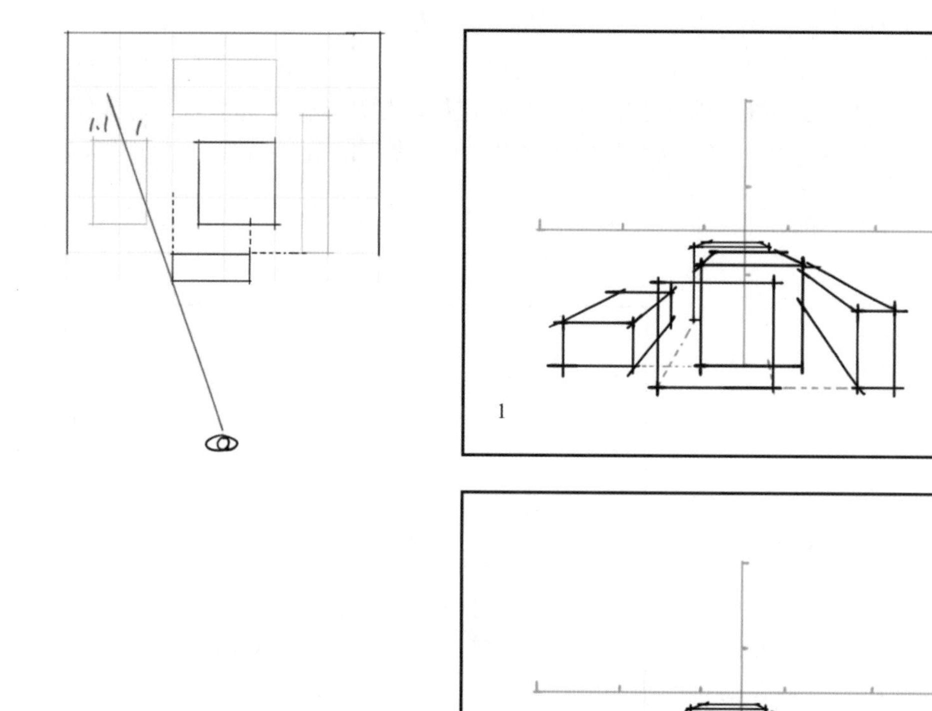

图 3-1-15　一点透视空间定位法绘制步骤八

（9）根据方体 1 定位在它上方的物体

方体 6 的尺寸为 800 mm × 800 mm × 400 mm，在方体 1 的正上方。运用空间定位法，先绘制方体 6 的正面，再确定其缩变距离，随后完成方体 6 的绘制（见图 3-1-16）。

（10）绘制空间

运用空间定位法，在平面图上确认空间的两个角与方体 2、方体 3 的关系，推演出空间的缩变距离，随后完成空间的绘制（见图 3-1-17）。

2. 绘制技巧

空间定位法是为了能更快、更准确地表现室内空间，但若因此而变得畏首畏尾，就违背了使用空间定位法的初衷。徒手快速手绘表现本来就存在误差，在一定范围之内的误差是允许的，过度吹毛求疵会失去快速表现的意义。空间定位法的重点是帮助初学者培养准确的空间透视感，熟悉之后就可以慢慢减少对空间定位法的使用。

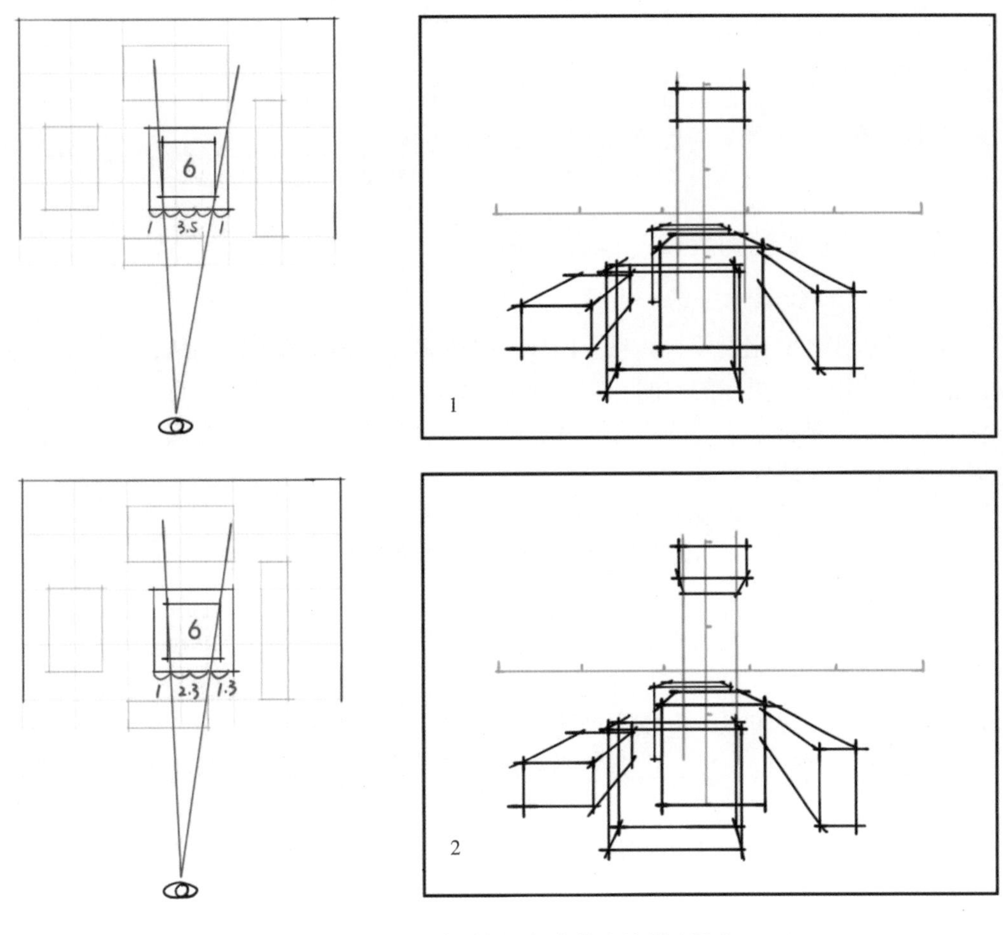

图 3-1-16　一点透视空间定位法绘制步骤九

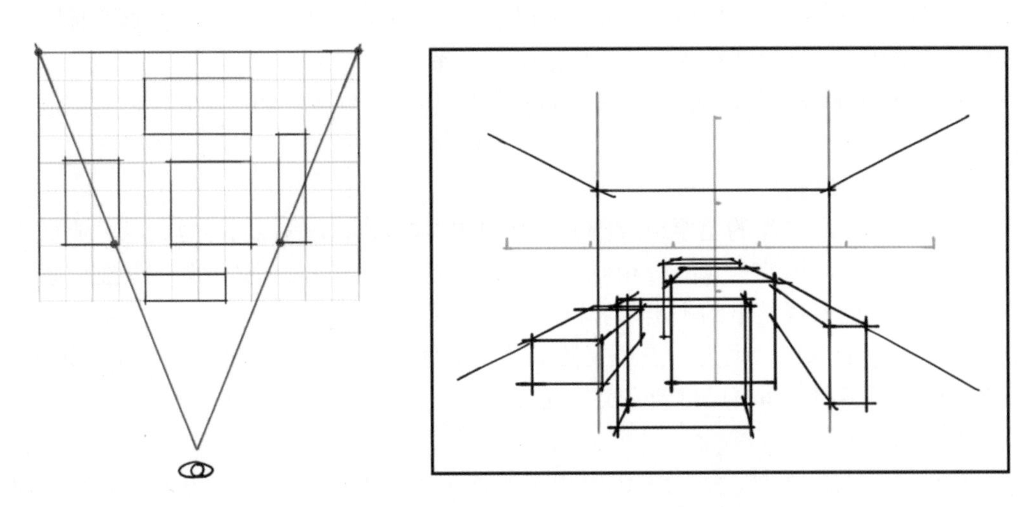

图 3-1-17　一点透视空间定位法绘制步骤十

巩固与提高

1. 根据步骤，绘制一点透视空间图例。
2. 尝试参考一个简单的平面图，运用一点透视空间定位法绘制其三维效果图。

三、一点透视空间线稿（以客厅为例）

1. 客厅的主要功能区域

客厅是居住者文化娱乐、休息、团聚、接待客人和相互沟通的场所，是住宅中活动最集中、使用频率很高的空间。它能充分体现主人的品位、情感和意趣，展现主人的涵养和气度，是整个住宅的中心。客厅的主要功能区域可以划分为家庭聚谈区、会客区和视听区三大部分。

（1）家庭聚谈区和会客区

家庭聚谈区和会客区一般采用几组沙发或座椅围合成一个区域来实现。

（2）视听区

看电视、听音乐是人们生活中必不可少的部分。客厅设计中应单独划分出一个区域来进行视听活动。此区域一般布置在沙发组合的正对面，由电视柜、电视背景墙、电视视听组合等部分组成。电视背景墙是客厅中最引人注目的一面墙，是客厅的视觉中心，可以通过别致的材质、优美的造型来表现。电视背景墙主要分为以下几种表现形式。

1）古典对称式：中式和欧式风格都讲究对称布局，它具有庄重、稳定、和谐的感觉。

2）重复式：利用某一视觉元素的重复出现表现造型的秩序感、节奏感和韵律感。

3）材料多样式：利用不同装饰材料的质感差异，使造型互相突出、相映成趣。

4）深浅变化式：通过色彩的明暗和深浅变化来表现造型。这种形式强调主体与背景之间的差异，主体深则背景浅，主体浅则背景深。

5）形状多变式：利用形状的变化和差异突出造型的变化，如曲与直、方与圆的变化等。

2. 客厅的绘制步骤

客厅作为家居空间的主要组成部分，其面积占据较大比例，同时也是家庭成员活动最频繁的区域，因此家具陈设相对丰富。在绘制客厅空间时，必须强调其宽敞感与空间布局，以确保视觉上的平衡与和谐。为了实现这一目标，运用一点透视法进行绘制是一个理想的选择，因为一点透视法能够精准地展现空间的尺度比例和宏观视角，使客厅的纵深感和空间布局得到完美呈现。

（1）选定站点位置和视线角度

在选择站点位置时，应当考虑电视柜所占用的厚度，以空间的中央为最佳选择（见图 3–1–18）。

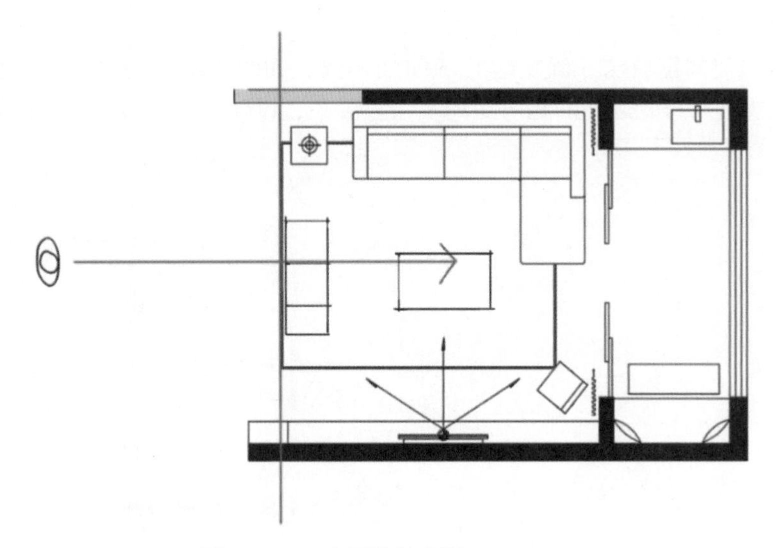

图 3-1-18　客厅绘制步骤一

（2）定视平线与画面尺寸

空间的开间为 4 m，运用一点透视空间定位法进行构图，并确定视平线与消失点。然后绘制最前面的家具，运用空间定位法确定矮凳的缩变距离，如图 3-1-19 所示。为了保持画面的平衡与协调，最前方家具的底部应距离纸张边缘约 5 cm，以避免画面显得过于空旷或过于拥挤。

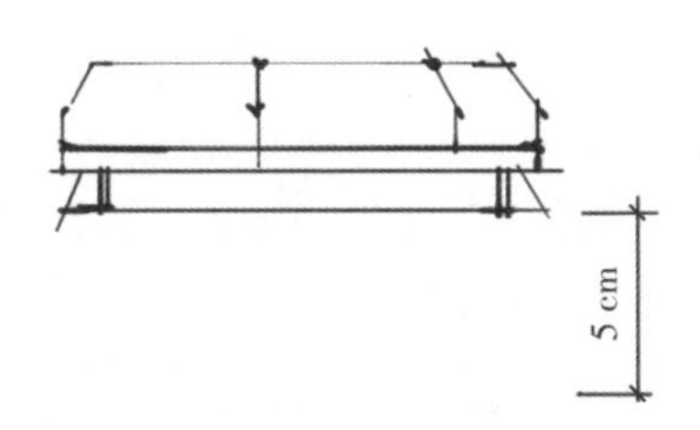

图 3-1-19　客厅绘制步骤二

（3）绘制边几

运用空间定位法，确定边几的缩变距离，如图 3-1-20 所示。在绘制过程中，务必注意边几与矮凳之间的相对距离及位置关系，以保证快速表现的准确性。

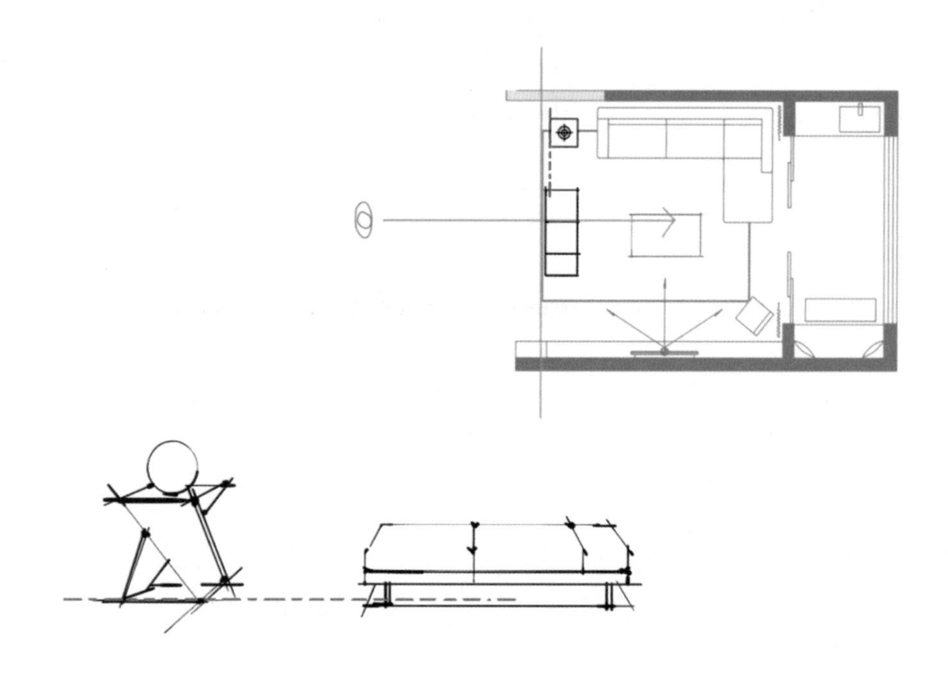

图 3-1-20　客厅绘制步骤三

（4）绘制沙发与茶几

运用空间定位法，确定转角沙发的缩变距离，如图 3-1-21 所示。在绘制过程中，务必注意靠枕的前后遮挡关系，以及软装家具的呈现效果。

（5）绘制单人沙发和地毯

运用空间定位法，确定单人沙发和地毯的缩变距离。在绘制过程中，需要注意单人沙发近大远小的透视关系，以免尺寸失真（见图 3-1-22）。具体可以参考转角沙发的坐垫高度，以确保单人沙发的尺寸比例合理。

（6）确定空间透视关系

运用空间定位法，确定空间的透视关系（见图 3-1-23）。

（7）完善硬装细节

在绘制步骤六的基础上，完成地砖缝、阳台门与窗帘、沙发背景墙造型、电视背景墙造型和天花造型的绘制（见图 3-1-24）。在绘制过程中，需要注意各个界面的造型与整体空间的透视关系，确保其协调、美观。最后，在空间的关键转折处，运用粗线条加重描绘，赋予线稿更丰富的层次感。

3. 一点透视空间线稿图例

一点透视空间线稿图例如图 3-1-25 至图 3-1-30 所示。

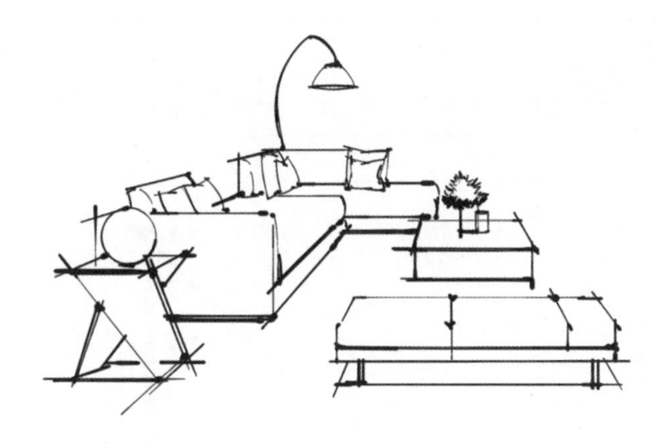

图 3-1-21　客厅绘制步骤四

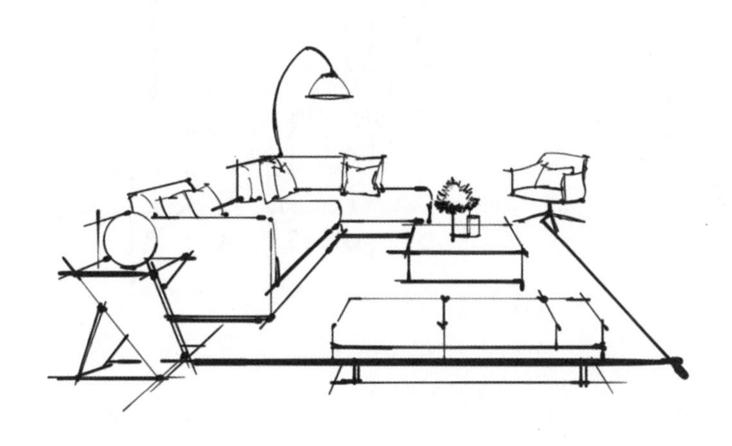

图 3-1-22　客厅绘制步骤五

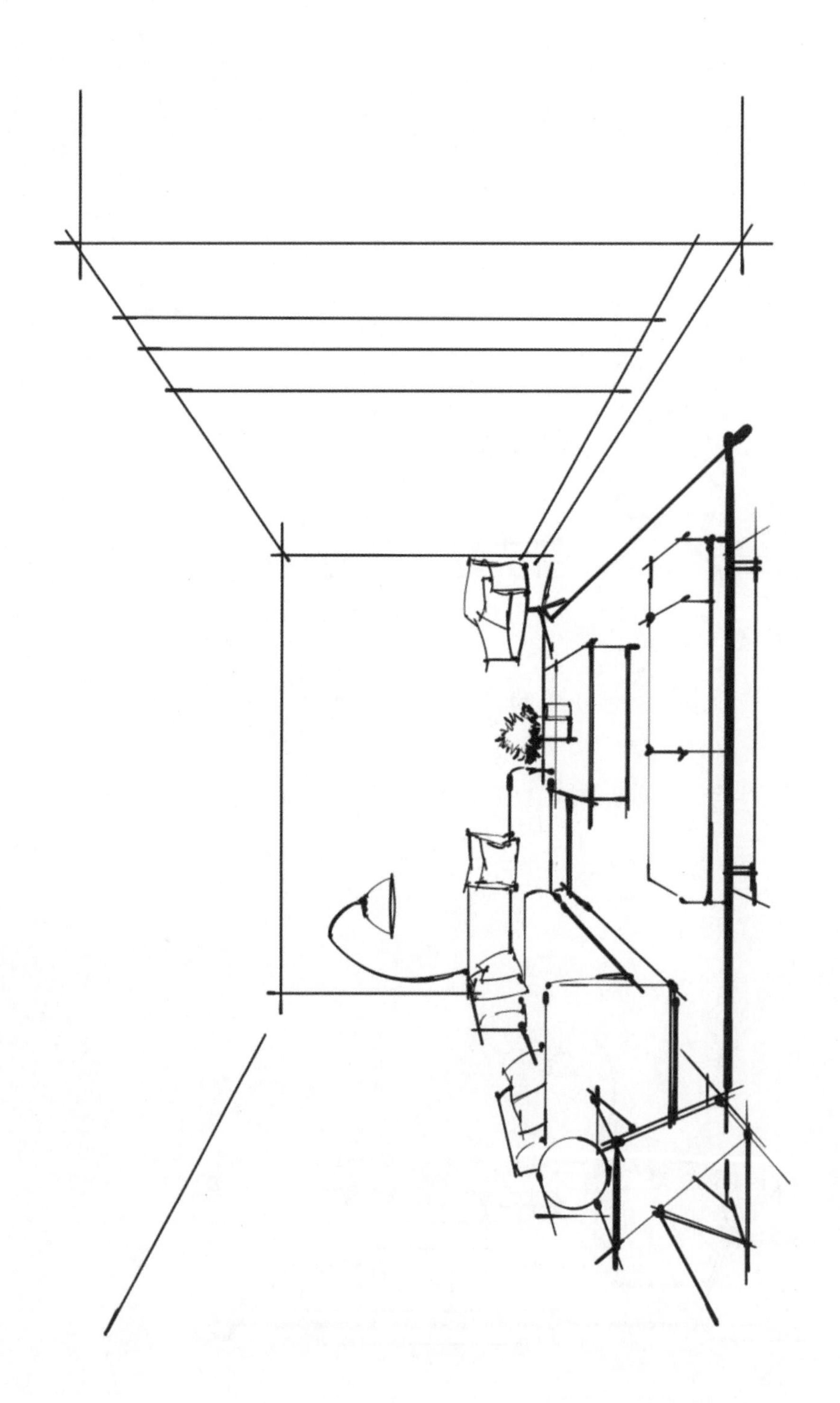

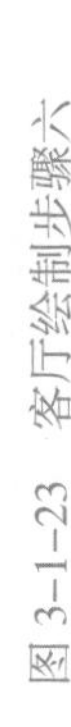

图 3-1-23　客厅绘制步骤六

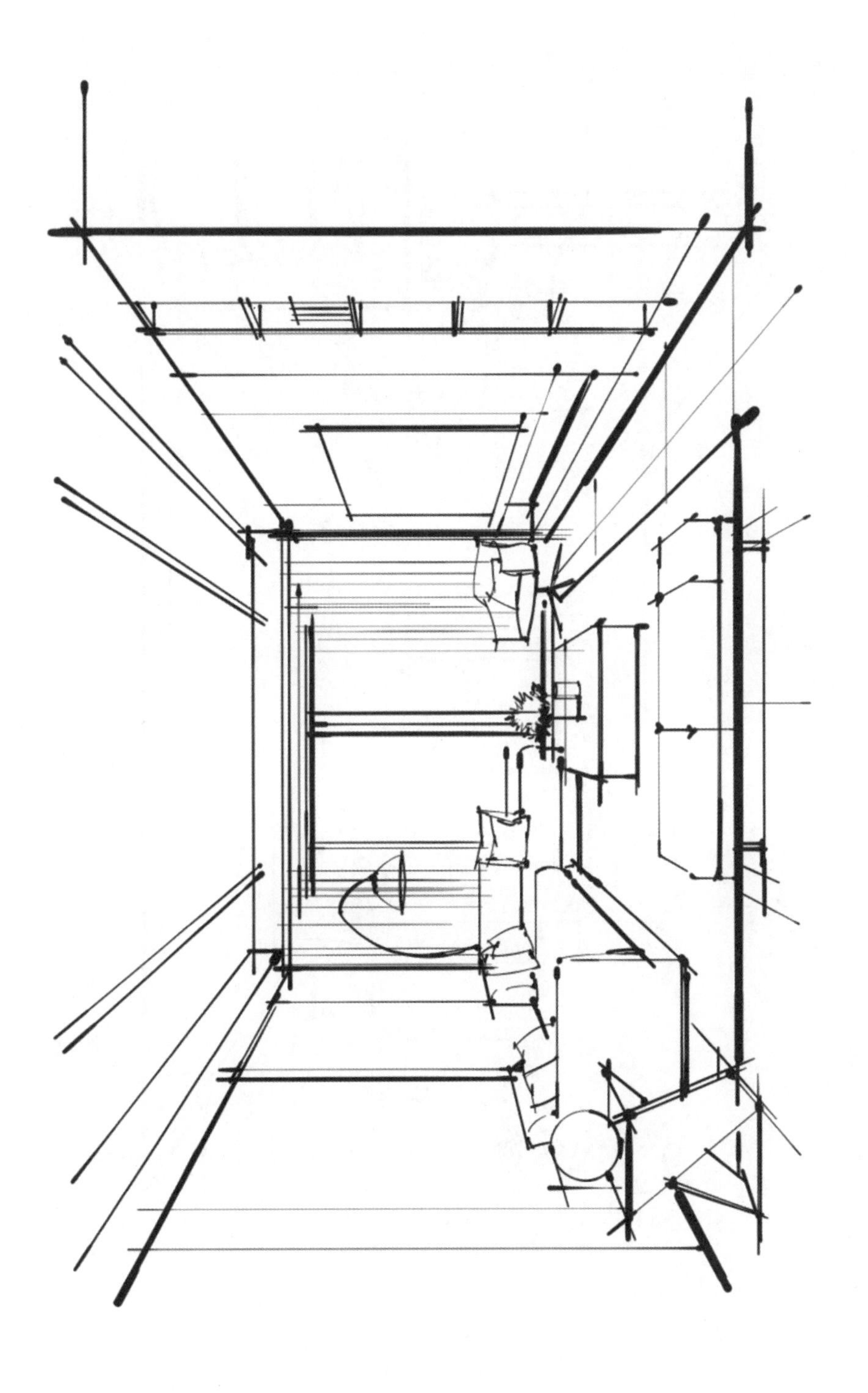

图 3-1-24　客厅绘制步骤七

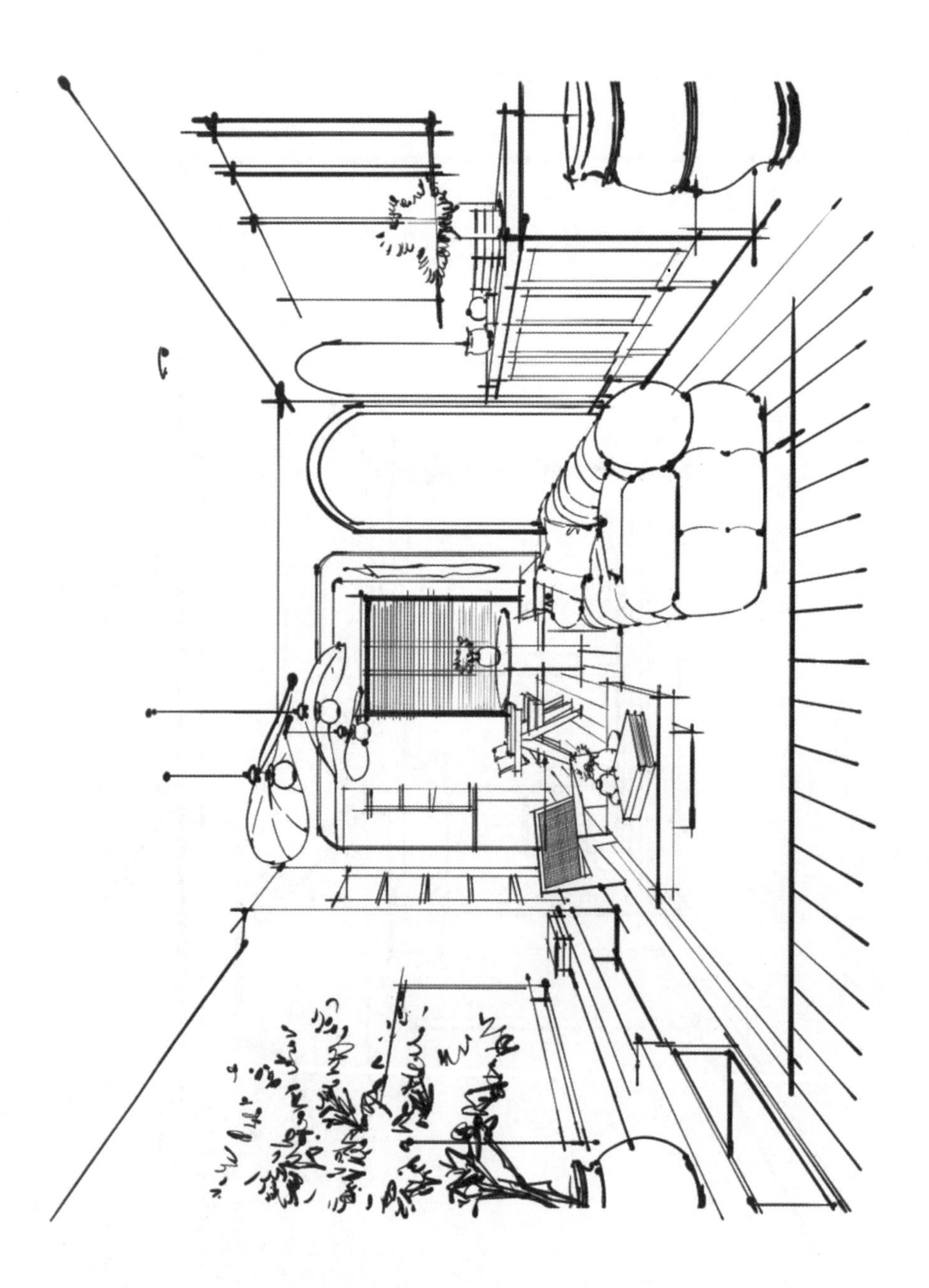

图 3-1-25　一点透视空间线稿图例一

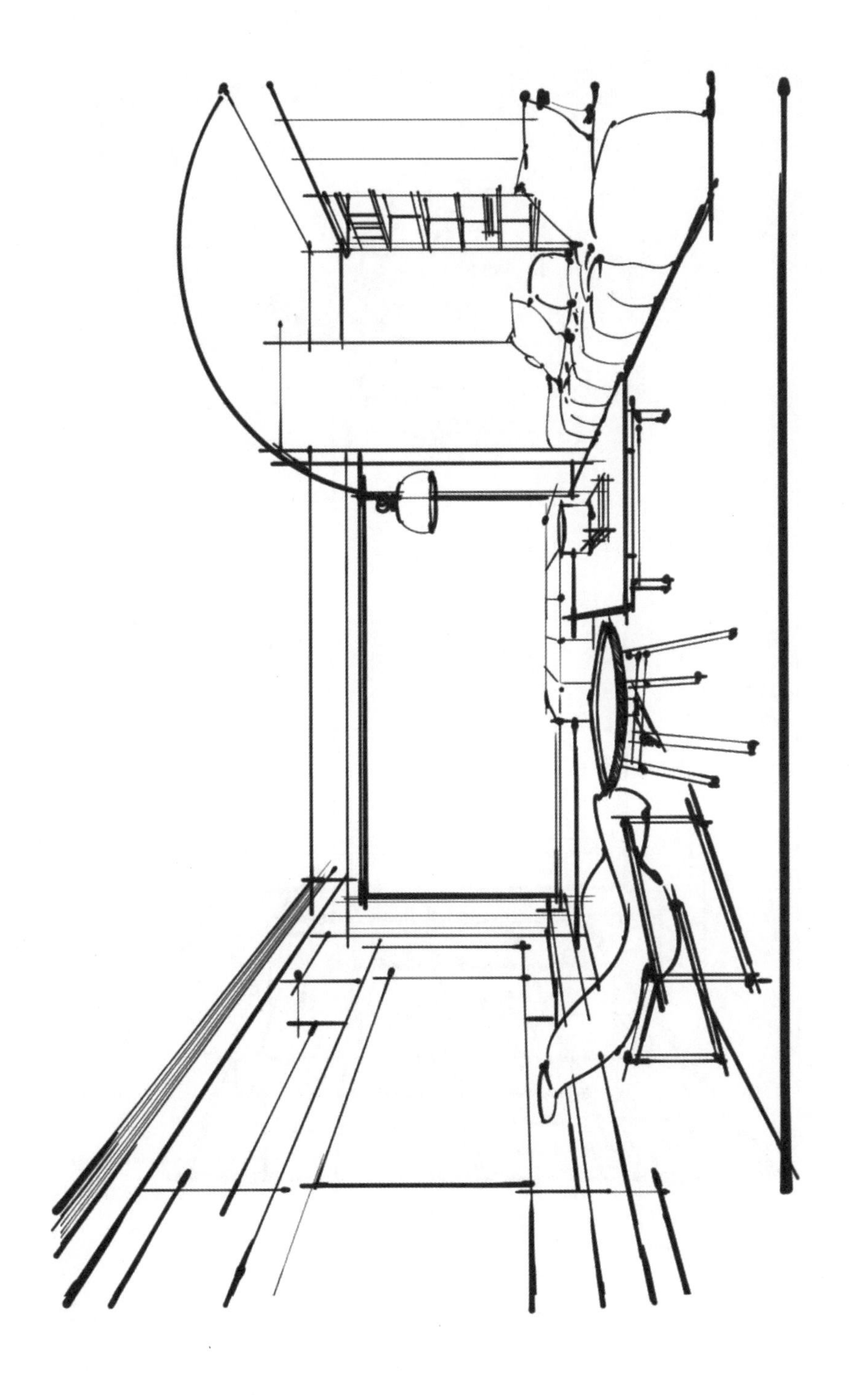

图 3-1-26　一点透视空间线稿图例二

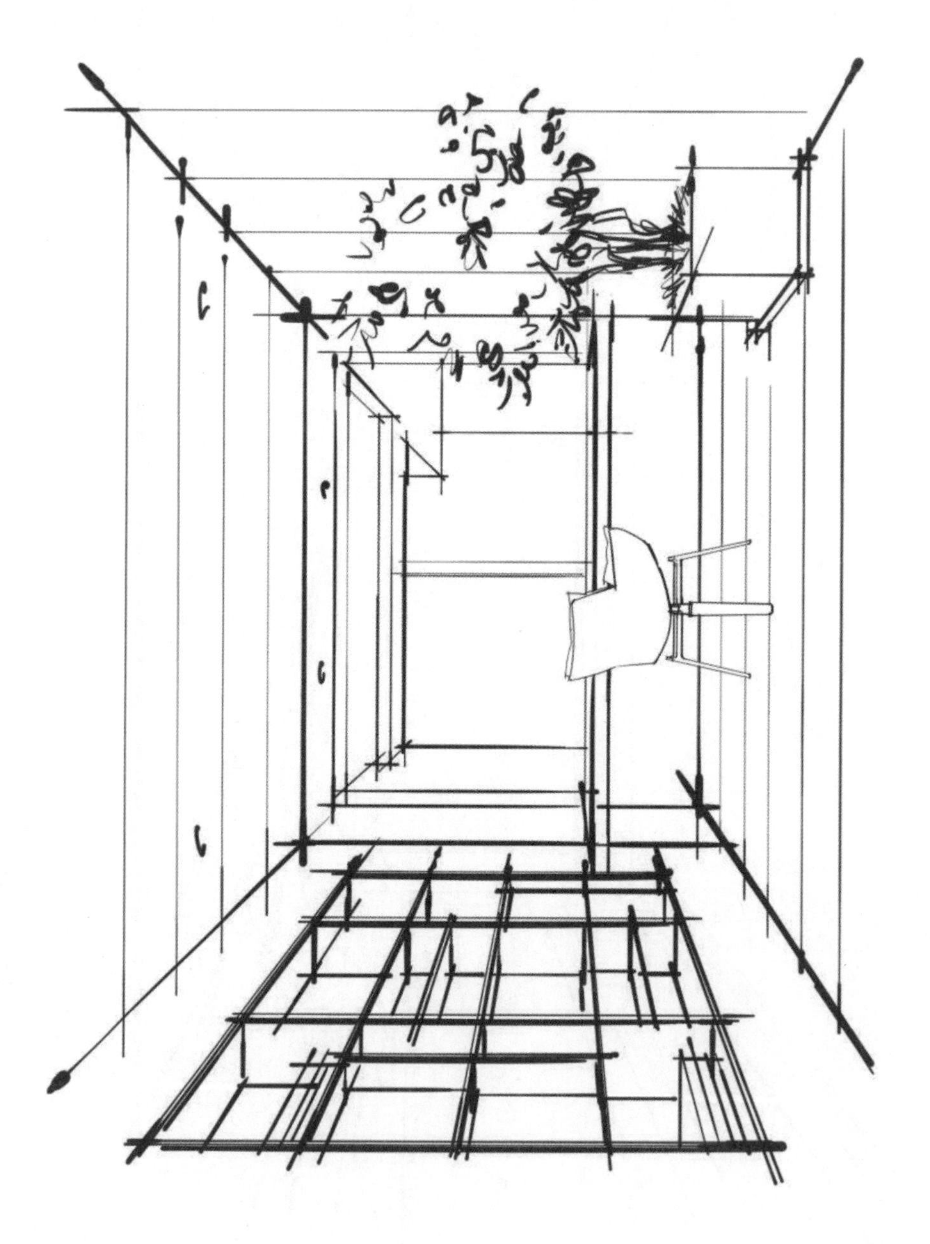

图 3-1-27　一点透视空间线稿图例三

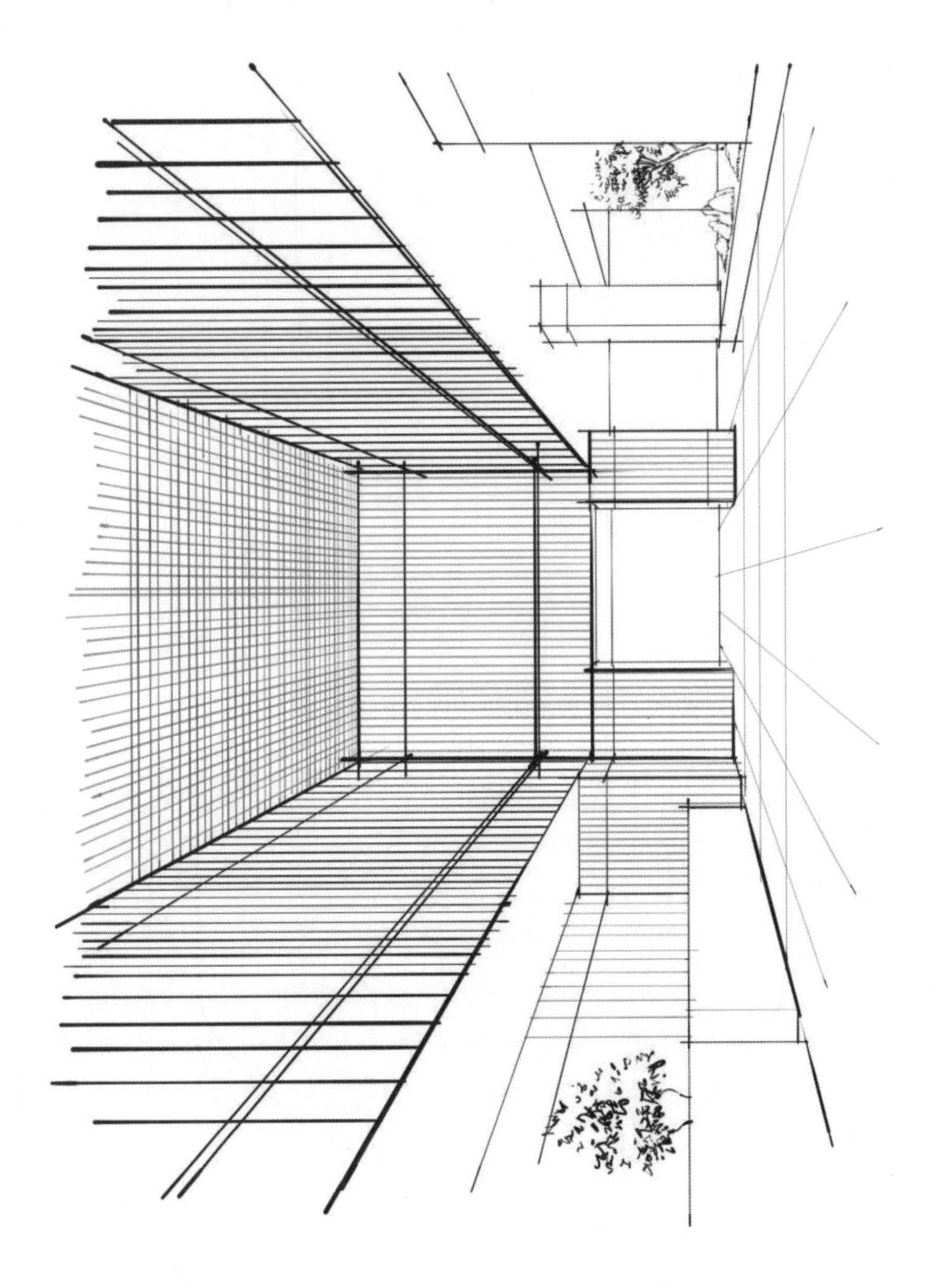

图 3-1-28　一点透视空间线稿图例四

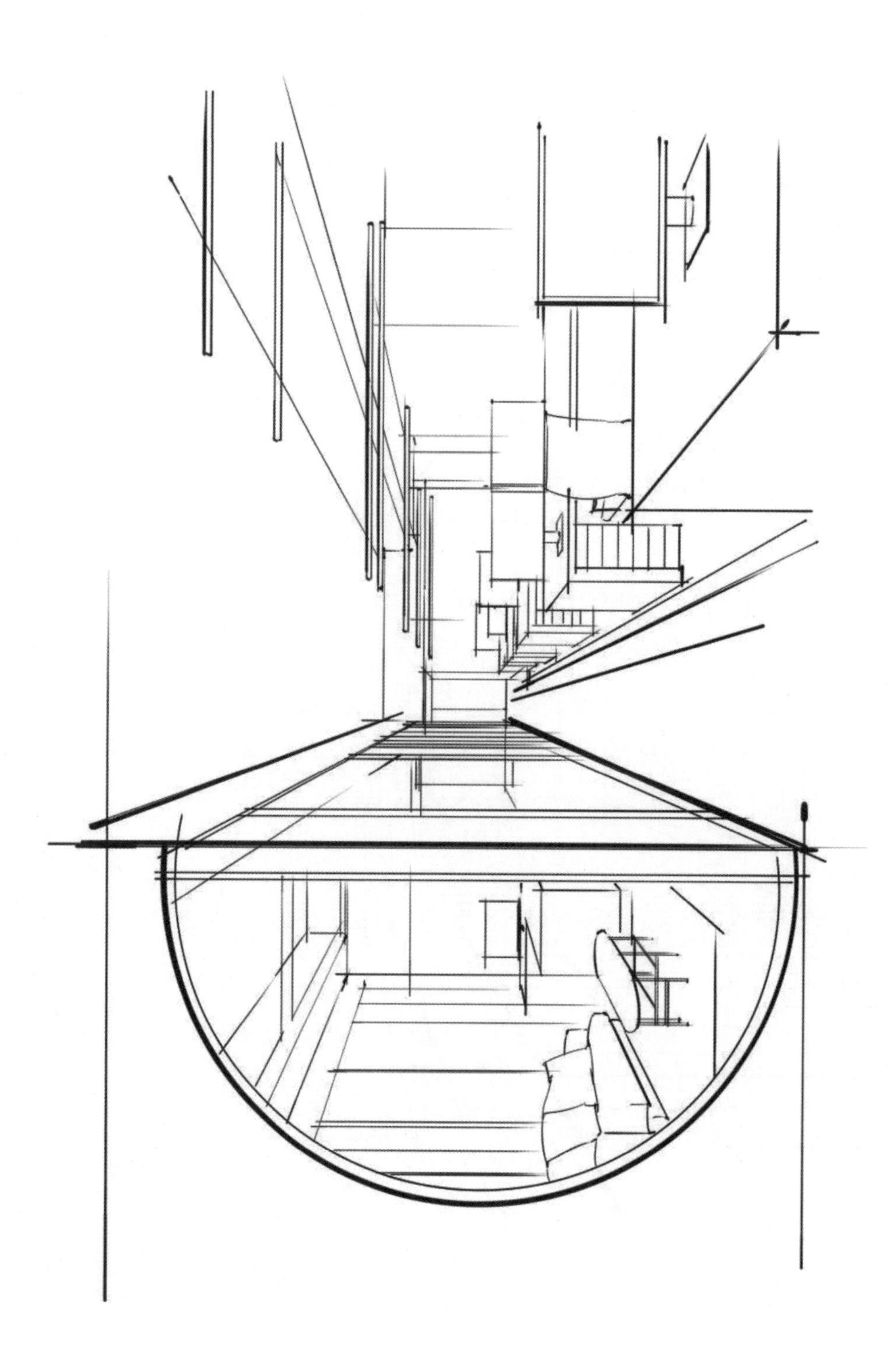

图 3-1-29　一点透视空间线稿图例五

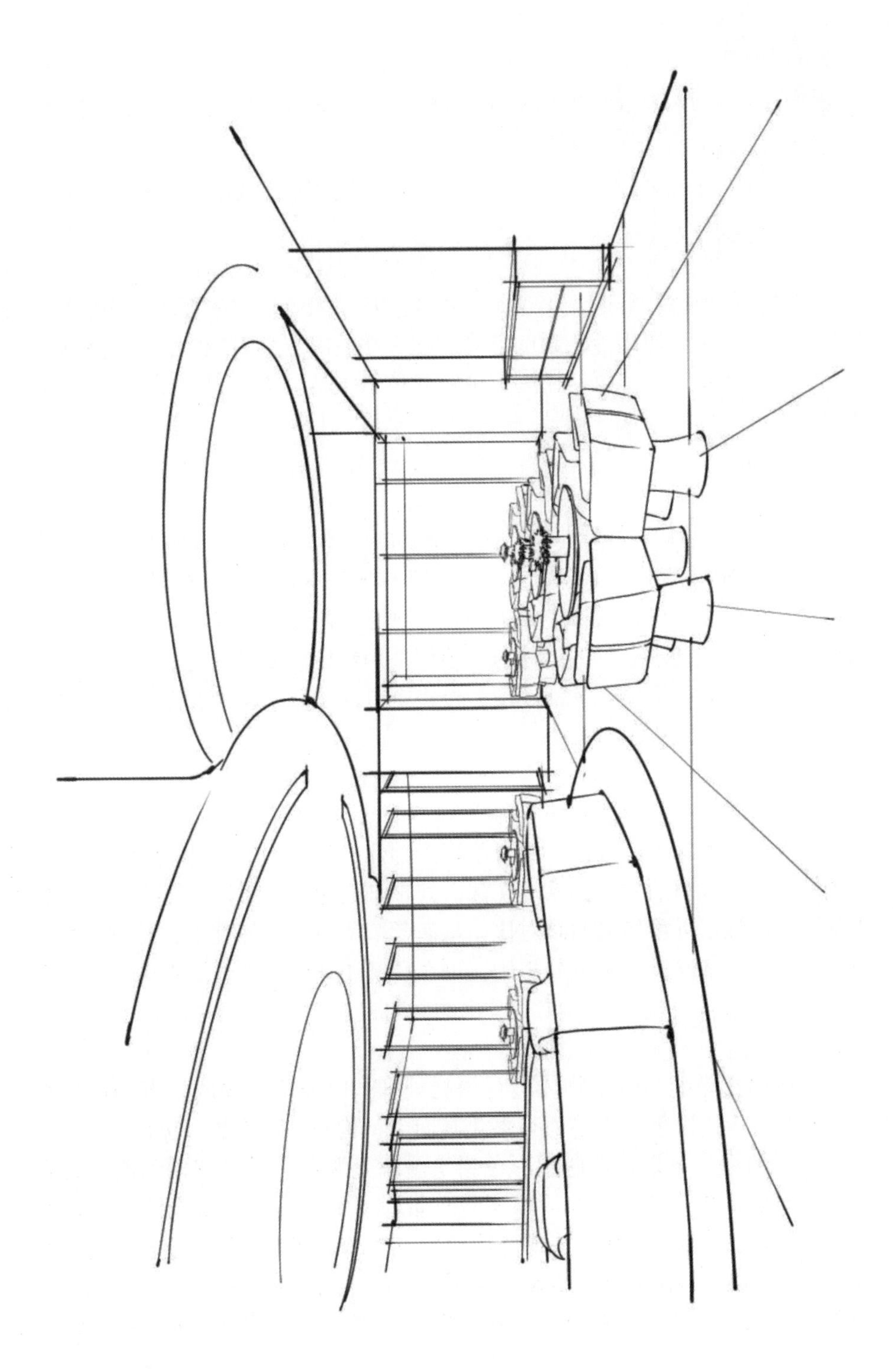

图 3-1-30　一点透视空间线稿图例六

巩固与提高

1. 根据分解步骤，完成一点透视客厅空间线稿的临摹练习。
2. 临摹一点透视空间线稿图例。
3. 尝试参考一个家居空间的平面图，进行一点透视空间线稿手绘表现。

四、一点透视空间上色（以客厅为例）

客厅常给人以温馨、舒适、美观、大气的感觉，因此较多的客厅空间会配以暖色系的色彩，但有时也会使用冷色系的色彩。在客厅空间着色表现时，应先使用马克笔进行空间整体的色彩表现，再使用马克笔和彩色铅笔结合来表现客厅空间的环境色和画面质感。

1. 上色步骤

（1）铺底色

首先，选用浅色马克笔在线稿上铺一层基础底色，简单表现空间光影关系和区分哑光与抛光材质（见图 3-1-31）。前期使用的颜色不宜太多，建议控制在 3 ~ 4 种色系以内，这样有助于保持整体色调的协调和视觉的舒适。在选色过程中，要选择比原材质淡的颜色。在处理远处的物体时，建议使用纯度较低的颜色，以增强画面的层次感和空间感。同时，运笔要灵活多变，可多个方向运笔，从而丰富画面的层次与细节。

（2）刻画细节

其次，针对画面的视觉焦点进行细节刻画（见图 3-1-32）。本空间的视觉焦点是沙发组合，因此通过深入刻画沙发组合与近景物体的材质细节，并低调处理电视和沙发背景墙，来突显画面的主从关系。在深入处理画面明暗关系时，可以加重近处物体的阴影部分，增强远近物体的明暗对比，从而营造出空间的深度。在绘制过程中，若有不慎超出边界的情况，无须过分担忧，可在后续调整画面整体效果时，使用高光笔进行修正和完善。

（3）光影与色彩调控

最后，运用高光笔对近景物体进行提亮处理，以强调画面的焦点和增强画面的立体感。同时，运用黑色马克笔适当强化画面的结构感和层次感（见图 3-1-33）。为了营造更真实的视觉效果，可使用彩色铅笔增添光源色，通过调控画面的光影和色彩效果，使其更加生动逼真。在观察实景灯带时，可以发现靠近光源的墙体颜色趋近于白色，因此在绘制过程中，光源色应避免直接涂抹在灯带处，应在留出一定距离后再轻轻添加，以保持画面的真实感。为了丰富画面的色彩层次，可以在阴影部分添加光源色的补色，通过运用补色，使画面更加丰富多彩，呈现出更加细腻的光影效果。

2. 一点透视空间上色图例

一点透视空间上色图例如图 3-1-34 至图 3-1-39 所示。

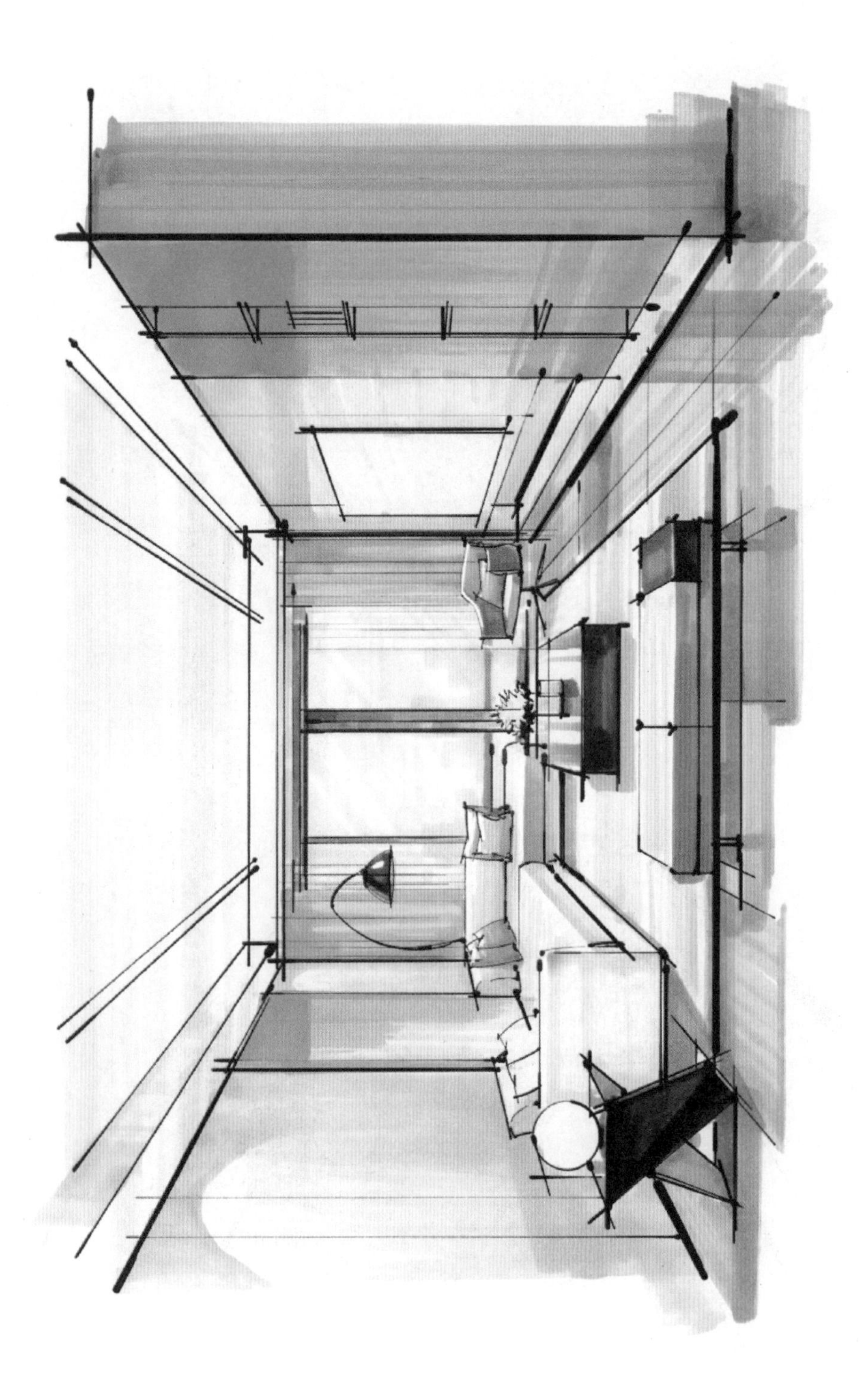

图 3-1-31　客厅上色绘制步骤一

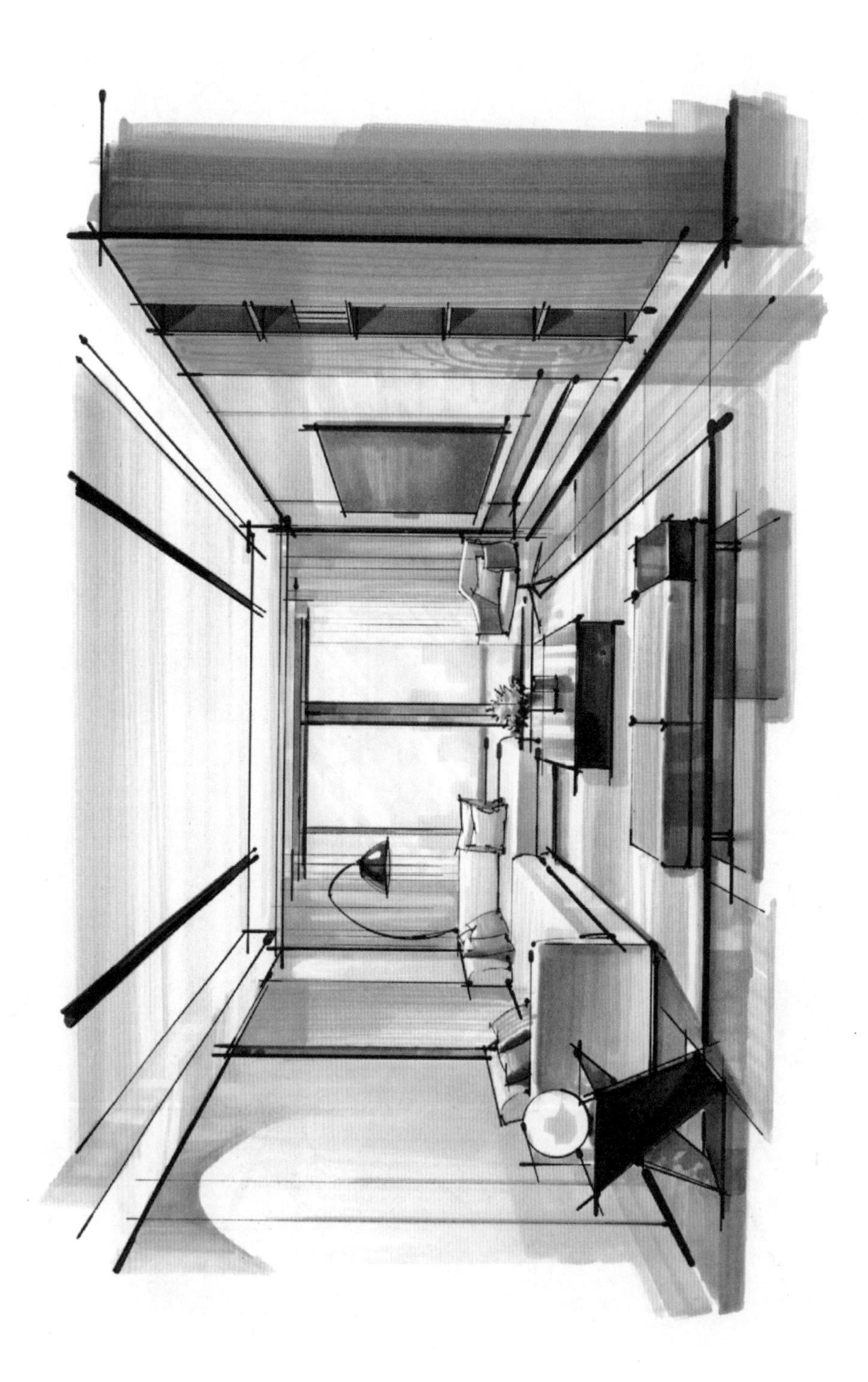

图 3-1-32　客厅上色绘制步骤二

图 3-1-33　客厅上色绘制步骤三

图 3-1-34　一点透视空间上色图例一

图 3-1-35　一点透视空间上色图例二

图 3-1-36　一点透视空间上色图例三

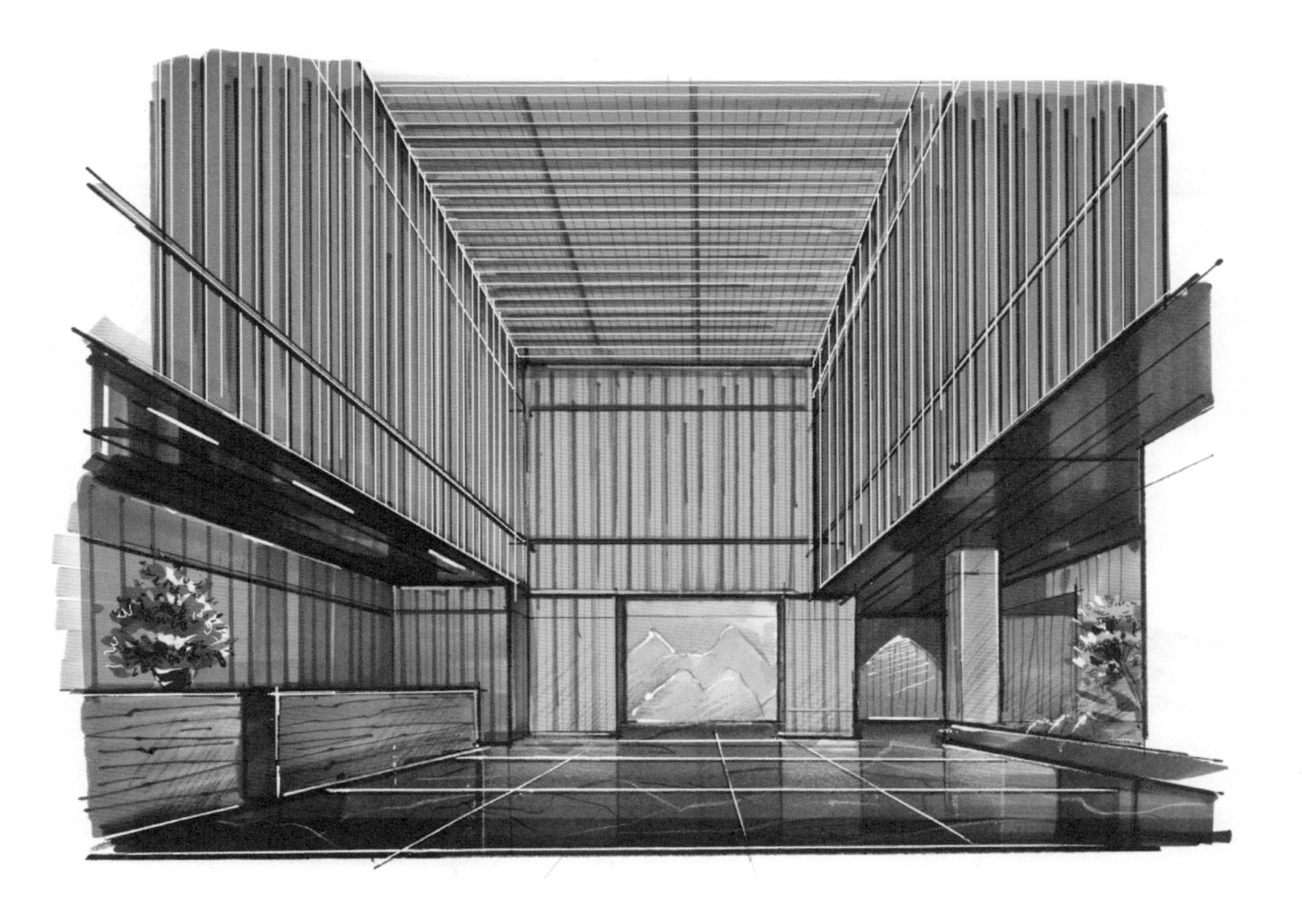

图 3-1-37　一点透视空间上色图例四

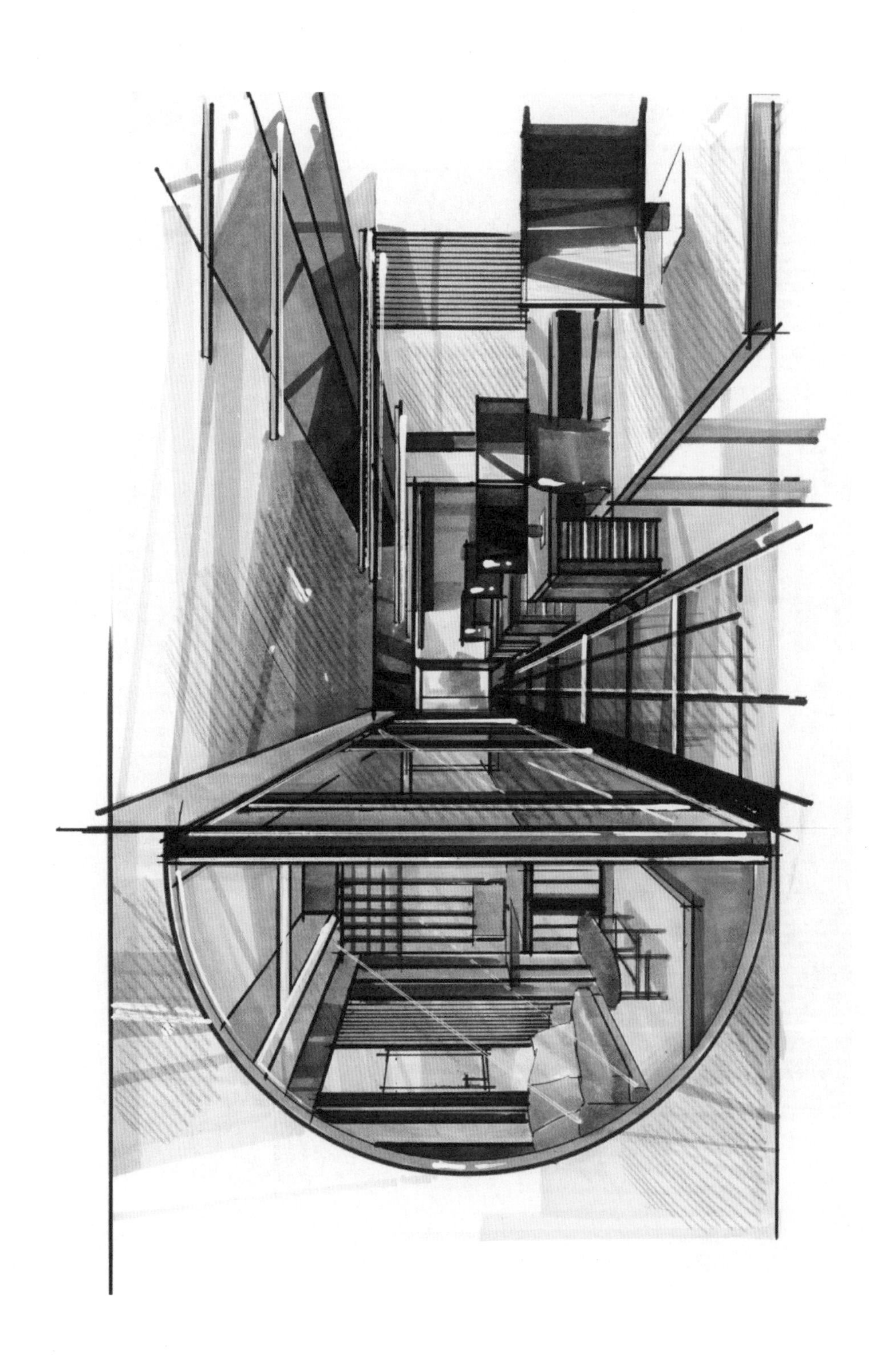

图 3-1-38　一点透视空间上色图例五

图 3-1-39　一点透视空间上色图例六

1. 根据分解步骤，完成一点透视客厅空间上色的临摹练习。
2. 临摹一点透视空间上色图例。
3. 尝试参考一个家居空间的平面图，进行一点透视室内空间表现。

第二节 两点透视空间手绘表现

学习目标

1. 能以两点透视的方式正确绘制正方体矩阵。
2. 能运用两点透视空间定位法。
3. 能绘制两点透视室内手绘效果图。

两点透视，也称成角透视，是一种在日常生活中很常见的透视现象（见图 3-2-1）。在视平线上有两个消失点是两点透视最显著的特点。两点透视具有灵活多变的特点，视觉冲击力强烈，且能够生动地展现空间的立体感，因此在室内设计手绘表现中得到了广泛应用。

在两点透视的物体里，面对观察者的那条边能正确地反映物体的尺寸，且在手绘画面中所有与地面垂直的线都垂直于视平线。

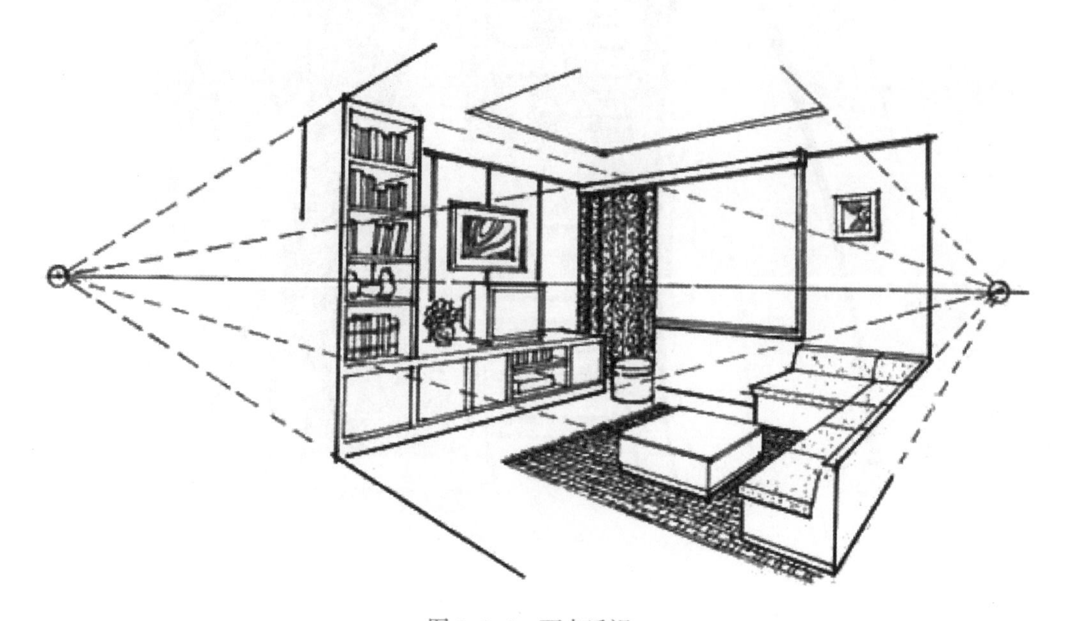

图 3-2-1　两点透视

一、两点透视正方体矩阵

在两点透视正方体矩阵（见图 3-2-2）中，正方体的所有面都失去了正方形的特征，出现透视缩变现象。练习绘制两点透视正方体矩阵可以帮助初学者更加敏锐地捕捉空间的变化和细节，对于提高空间感知能力、培养准确的空间感具有重要意义。

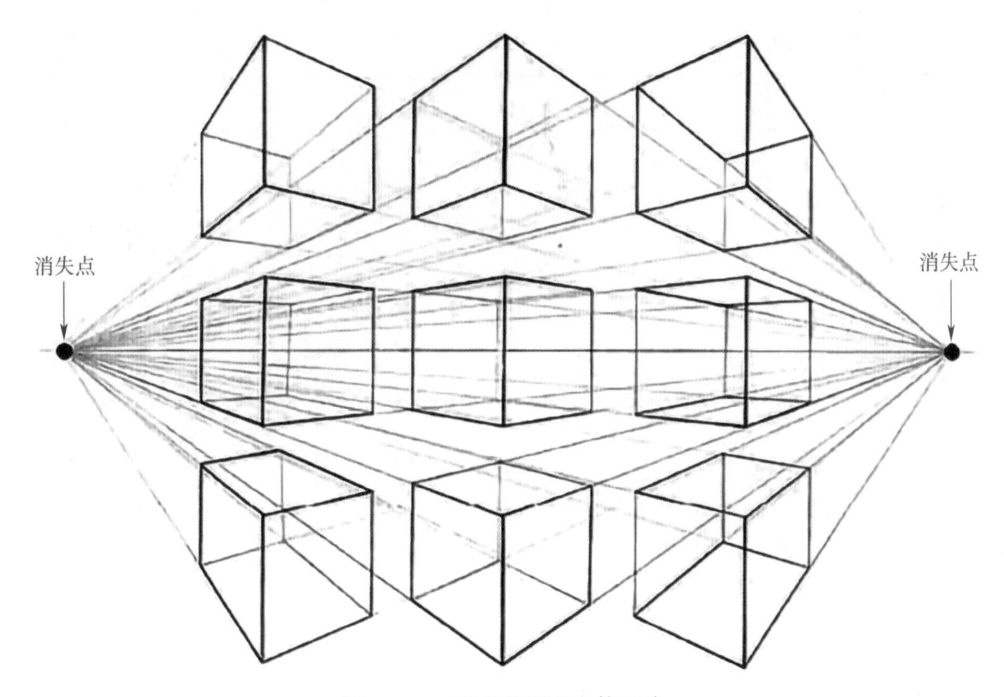

图 3-2-2　两点透视正方体矩阵

1. 训练要求

两点透视正方体矩阵的绘制训练要求如下（见图 3-2-3）：

（1）将 A3 纸横向对折，形成一条明确的折线，该折线作为视平线。在折线的两端，距离纸张边缘各 1 cm 的位置，标记出消失点。

（2）在纸张的边缘预留约 3 cm 的边距，随后在纸张上精确地绘制 15 个边长为 5 cm 的正方体图形。这些正方体应呈现 5 个横向排列和 3 个竖向排列的布局。

（3）所有横向排列的正方体必须保持水平对齐，而所有纵向排列的正方体则需维持垂直对齐。同时，所有的消失线必须精准地汇聚于两个消失点之上。

（4）处于第二行的正方体必须位于折线上。

2. 绘制技巧

（1）在绘制正方体时，应当先描绘与画面成角的边。这条边的长度约为 5 cm。

（2）然后分别连接线条的两个端点与两个消失点，绘制出消失线。在此过程中，建议先在空中模拟拉线的动作以找准方向，并在实际运笔时控制线条的长度，避免过度延伸。

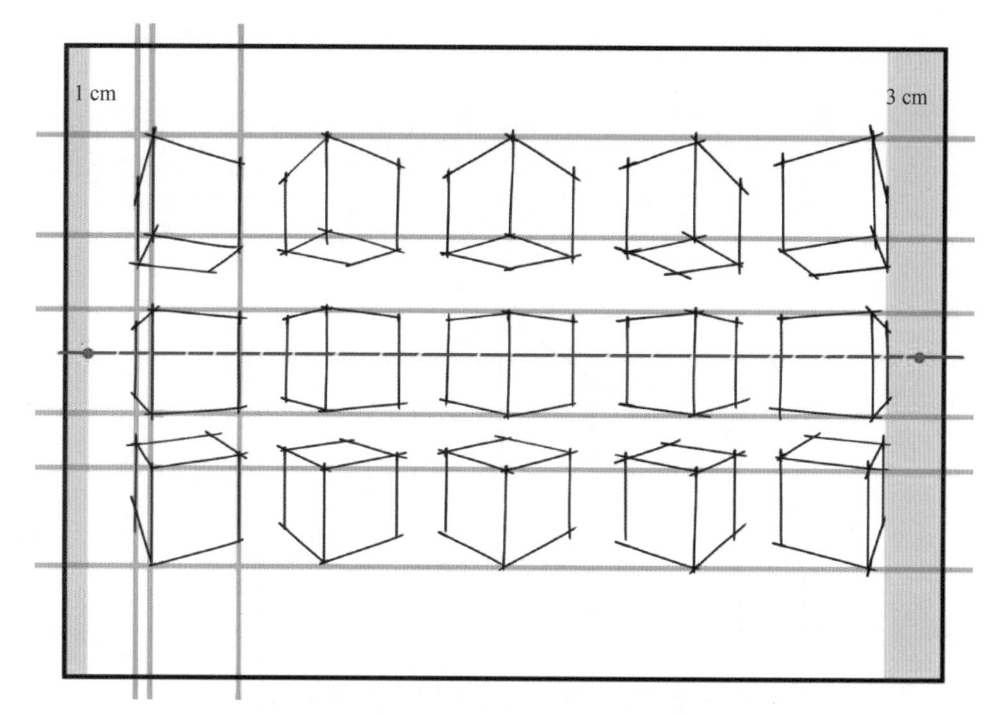

图 3-2-3　两点透视正方体矩阵绘制练习

（3）再根据对角线平分夹角的原理，确定左右两个面的缩变距离。在绘制时，务必确保新绘制的线条与视平线保持垂直。

（4）最后分别连接新增的端点和两个消失点，绘制消失线，完成两点透视正方体矩阵绘制练习。

3. 容易出错的地方

两点透视正方体矩阵绘制练习时容易出错的地方有以下几方面，如图 3-2-4 所示：

（1）对于过分依赖尺子而不敢徒手绘画的情况，应放下心理负担，勇于尝试。错误是在学习中不可避免的，重要的是从错误中吸取经验教训，不断练习以提高技能。

（2）正方体大小不一或未对齐，此时必须遵循绘制要求进行练习。这样的练习才更科学高效，有助于后续知识点的顺利衔接。

（3）在绘制正方体时，因为线条过长导致画面毛躁，或因为线条过短导致未相交。每条线必须相交于端点，在绘画前，应考虑清楚线条的走向和长度，以提高作品质量。

（4）当消失线无法完全汇聚于消失点时，建议尝试虚空拉线的方法。即眼睛在端点和消失点的拉线中找一个距离较近的点，然后连接这两个点。这种方法有助于降低绘画难度，提高作品准确性。

（5）透视面过宽或过窄，导致无法准确把握透视面缩变距离，请参考一点透视正方体矩阵绘制技巧第四步以获取改善方法。

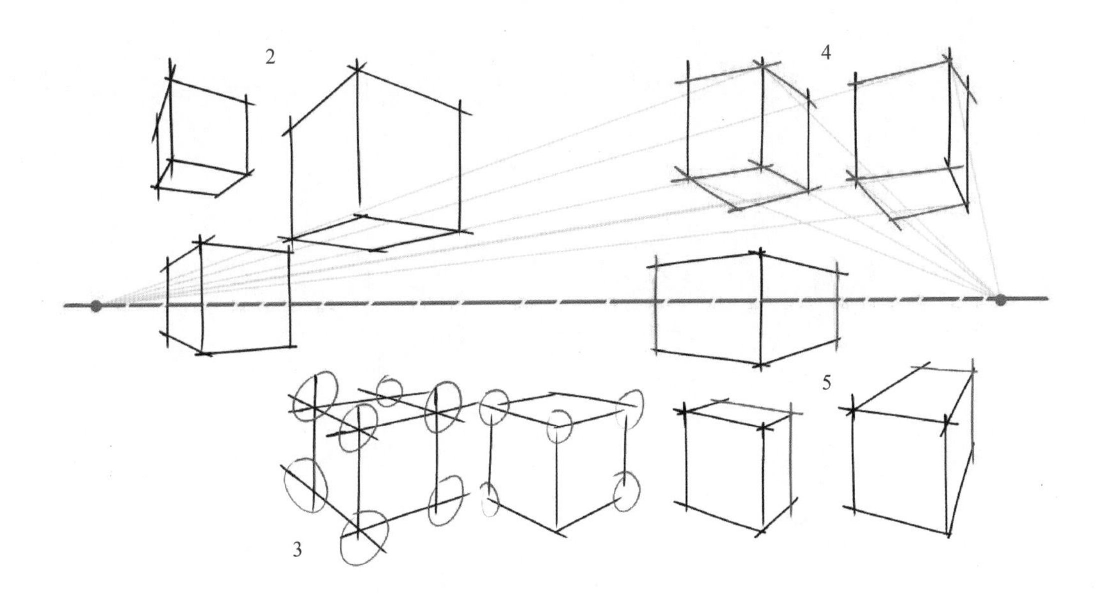

图 3-2-4　两点透视正方体矩阵绘制练习中容易出错的地方

4. 练习方法

两点透视正方体矩阵绘制训练方法与一点透视正方体矩阵的训练方法和绘制步骤一致。

1. 根据训练要求，绘制两点透视正方体矩阵。
2. 对比容易犯错的图例，检查自己的练习质量，并根据绘制技巧来改善。

二、两点透视空间定位法

本次两点透视空间定位法沿用一点透视空间定位法的实践图例。

1. 绘制步骤

（1）选定站点位置

在平面图上，先明确站点的位置及其视线方向。选定方体 1 作为参照物，并确定 36° 为透视角度。随后，通过方体 1 的中心，绘制一条垂直于视线方向的线，此线即为透视成像的画面（*PP*）。方体 2 和方体 3 的外边角在 *PP* 上的投影长度（*AB*）即构成画面的边界范围（见图 3-2-5）。

（2）绘制方体 1

参考方体 1 边角在平面图线段 *AB* 上的位置，确定方体 1 在画面中的位置和空间的高度，并设定视平线为 1.8 m 高。然后在高度方向绘制方体 1 的高度，再根据 36° 透视角度方体的透视缩变规律，绘制出方体 1，从而得出消失点（见图 3-2-6）。

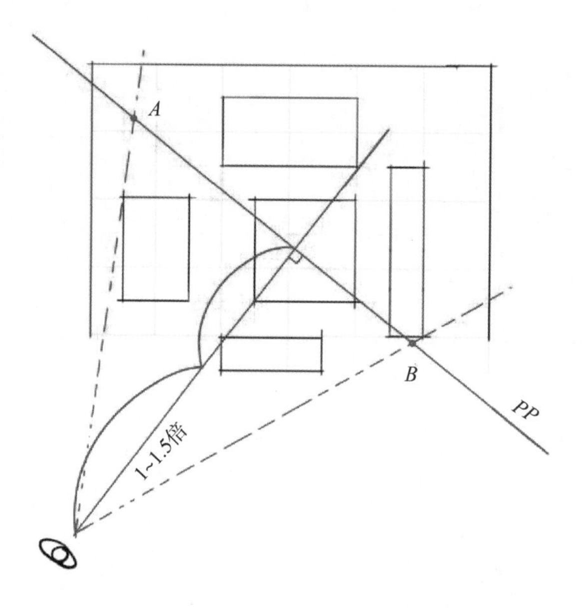

图 3-2-5　两点透视空间定位法绘制步骤一

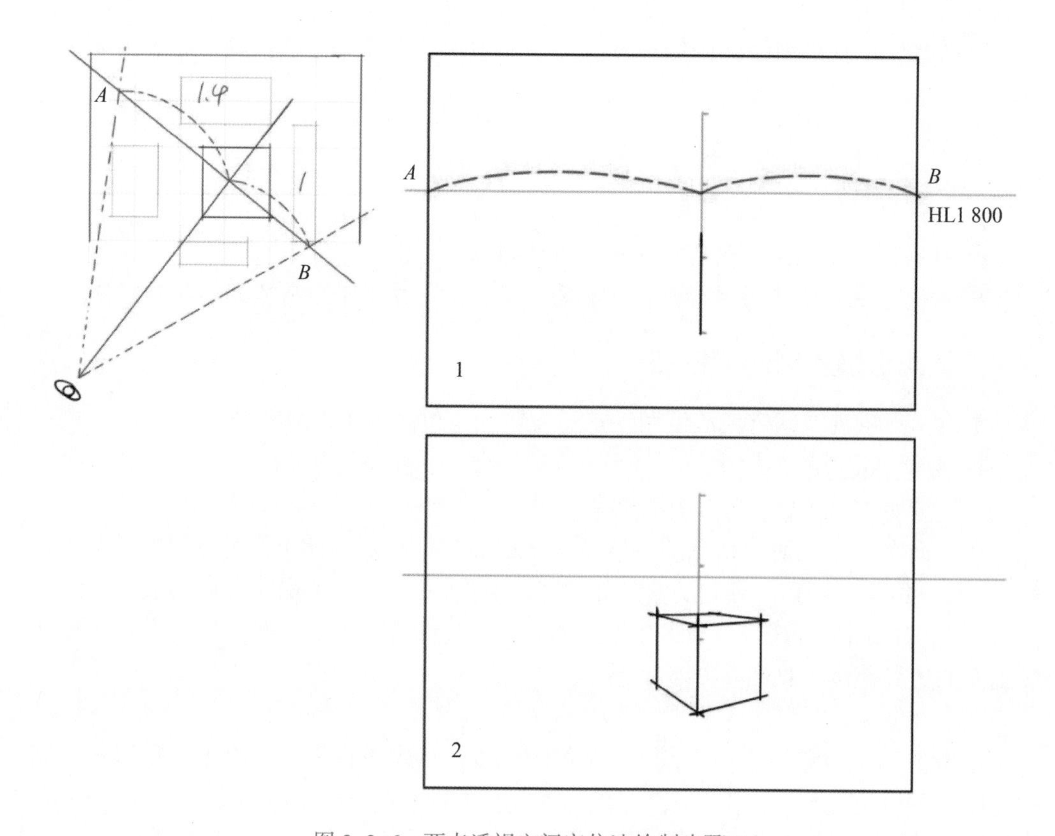

图 3-2-6　两点透视空间定位法绘制步骤二

（3）根据方体 1 定位与它水平的物体

在平面图上，将方体 2 的正面映射至画面（*PP*）之上，并参照其与方体 1 侧面在画面上的相对位置比例关系，描绘出方体 2 的三维正面。随后，运用空间定位法，推演出方体 2 的缩变距离（见图 3–2–7）。

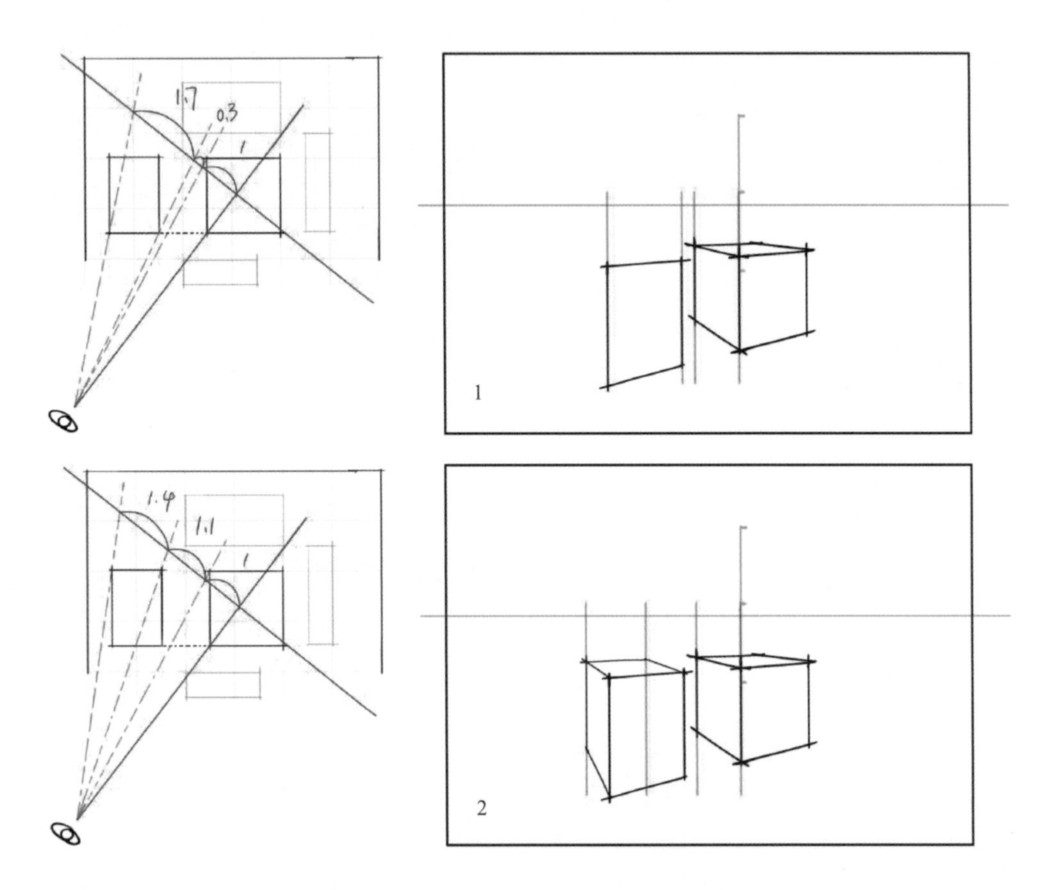

图 3–2–7　两点透视空间定位法绘制步骤三

（4）根据方体 1 定位比它靠前的物体

在平面图上对比方体 5 与方体 1、2 的位置关系，并在画中找准透视位置。然后参照方体 5 侧面投射在画面（*PP*）上的距离，绘制出方体 5 的左侧面。最后运用空间定位法，推演出方体 5 的缩变距离（见图 3–2–8）。在绘制过程中，要善于运用现有物体的透视线来帮助定位。

（5）根据方体 1 定位比它靠后的物体

运用空间定位法，分别描绘出方体 3、方体 4 与方体 1 相邻的侧面，再推演出各自的缩变距离（见图 3–2–9）。

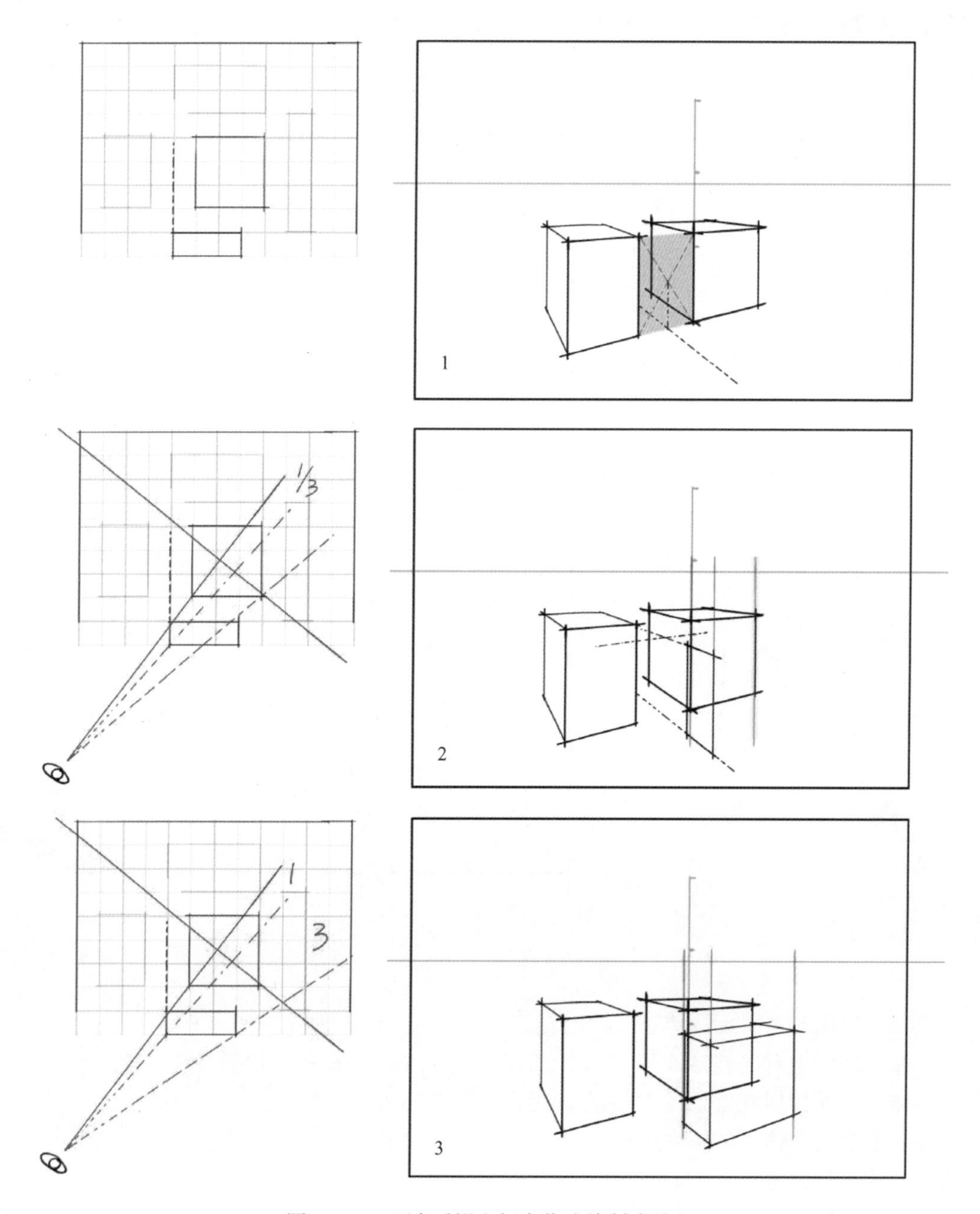

图 3-2-8　两点透视空间定位法绘制步骤四

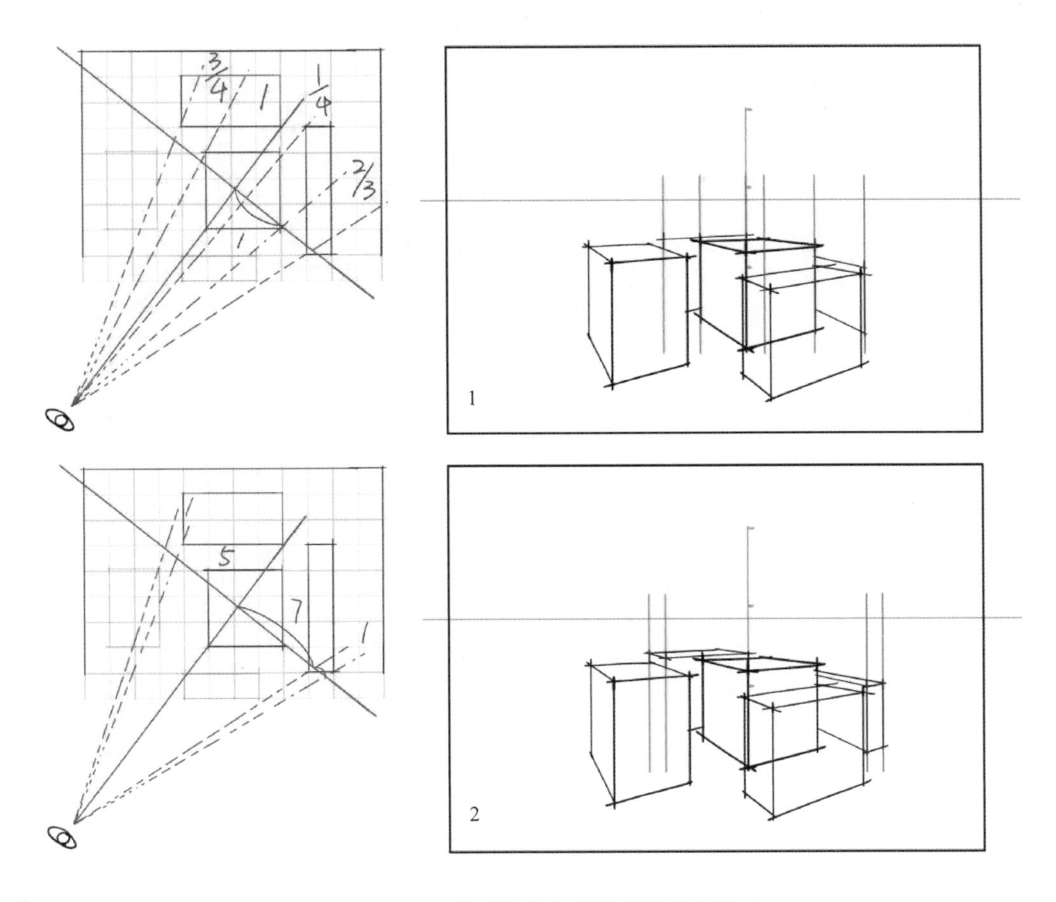

图 3-2-9　两点透视空间定位法绘制步骤五

（6）根据方体 1 定位在其上方的物体

运用空间定位法确定方体 6 的尺寸和位置，并在空间高度方向绘制出方体 6 的高度。再运用空间定位法推演出其侧面的缩变距离，随后完成方体 6 的绘制（见图 3-2-10）。

（7）绘制空间

运用空间定位法，在平面图上对比空间左上角与方体 2 的位置关系，推演出空间的缩变距离（见图 3-2-11）。

2. 绘制技巧

在两点透视空间定位法中，消失点位于画面之外，仅凭直觉判断其位置可能会导致整体画面透视关系不准确。要确保徒手快速表现时透视关系的准确性，关键在于确保绘制的首个物体的透视比例准确无误。这样，后续绘制的物体可以“参照”首个物体的透视线，来保证各自透视比例的准确性。

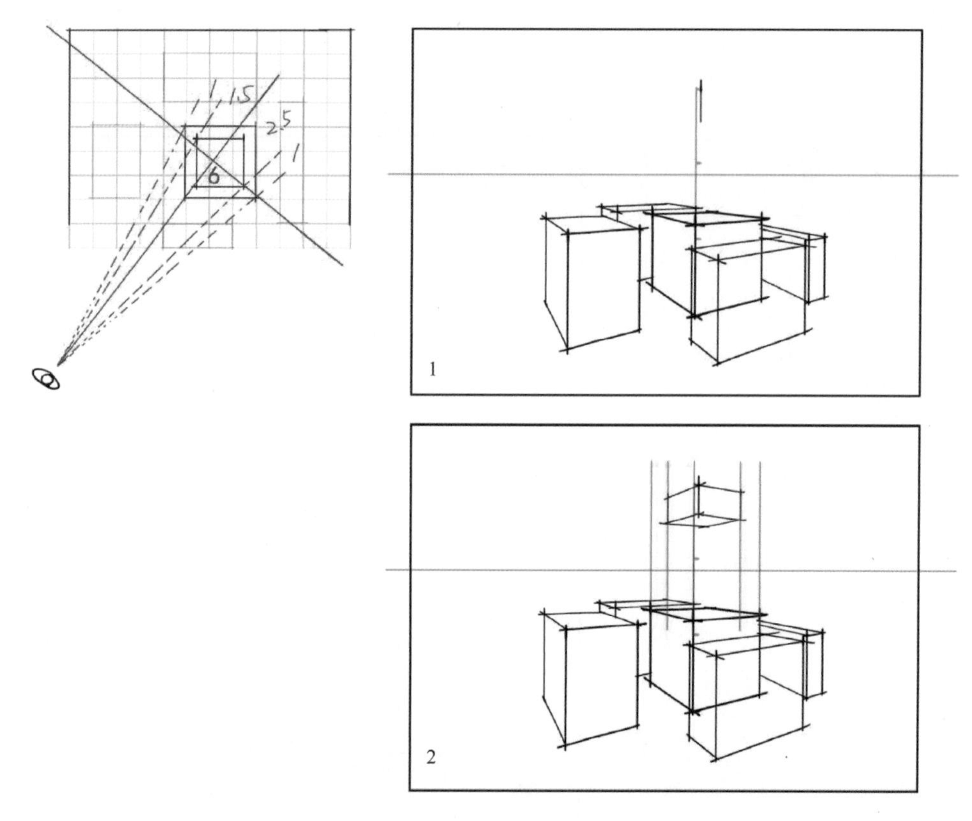

图 3-2-10　两点透视空间定位法绘制步骤六

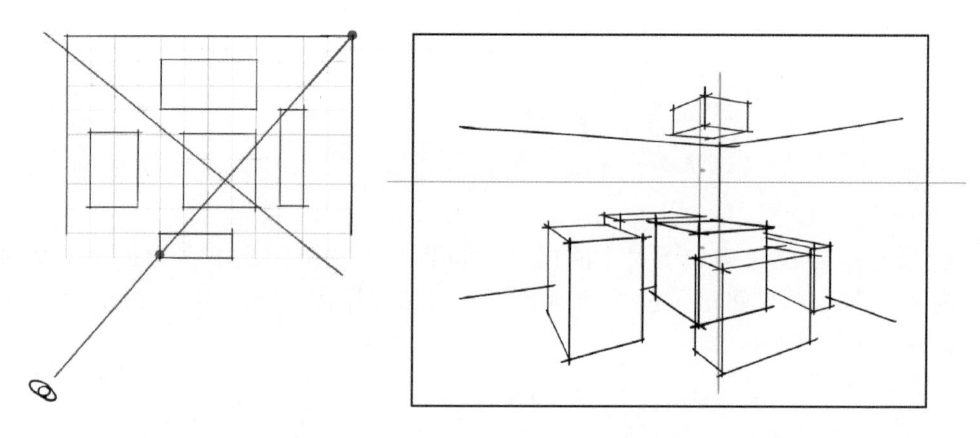

图 3-2-11　两点透视空间定位法绘制步骤七

1. 根据步骤，绘制两点透视空间图例。
2. 尝试参考一个简单的平面图，运用两点透视空间定位法绘制其三维效果图。

三、两点透视空间线稿（以卧室为例）

1. 卧室的主要功能区域

卧室主要是供居住者休息睡眠的场所，是居室中较私密的空间。卧室除了用于休息之外，还具有存放衣物、梳妆、阅读和视听等功能。

卧室在设计时应遵循两个原则：一是要满足休息和睡眠的要求，营造安静、舒适的气氛。卧室内可以尽量选择吸声的材料，如海绵布艺软包、木地板、双层窗帘和地毯等，也可以采用纯净、静谧的色彩来营造宁静的气氛。二是要设计出尺寸合理的空间，卧室的空间面积每人应不小于 6 m^2，高度应不小于 2.4 m，否则就会使人感到压抑和局促。在有限的空间内还应尽量满足休闲、阅读、梳妆和睡眠等综合要求。

主卧室的功能区域可划分为睡眠区、梳妆阅读区和衣物储藏区三部分。

（1）睡眠区

睡眠区由床、床头柜、床头背景墙和台灯等组成。床应尽量靠墙摆放，其他三面临空。床不宜正对门，否则会使人产生房间狭小的感觉，开门见床也会影响私密性。床可靠近窗户摆放，以充分利用自然光线和通风条件，为居住者提供一个更加健康、舒适的睡眠环境。床头柜和台灯是床的附属物件，可以用于存放物品和提供阅读采光，一般配置在床的两侧，便于从不同方向上下床。床头背景墙是卧室的视觉中心，它的设计以简洁、实用为原则，可采用挂装饰画、贴墙纸和贴饰面板等装饰手法，其造型也可以丰富多彩。

（2）梳妆阅读区

梳妆阅读区主要布置梳妆台、梳妆镜和学习工作台等。

（3）衣物储藏区

衣物储藏区主要布置衣柜和储物柜。

2. 绘制步骤

卧室与客厅一样，都是家居空间中的重要组成部分，但其面积较小，是温馨的区域。在绘制卧室空间时，可以选择能真实模拟人眼观察方式的两点透视空间定位法，使观者产生更强烈的共鸣和认同感。

（1）选定站点位置和视线角度

在设定视线角度时，建议采用最前方家具的 36° 透视角度作为参考。若最前方的家具表面并非正方形，则可通过在其表面绘制一个正方形作为辅助，随后确定该正方形的 36° 透视角度（见图 3–2–12）。

（2）定视平线与画面尺寸

忽略前方遮挡视线的衣柜，运用两点透视空间定位法进行构图，并完成最前面家具的绘制（见图 3–2–13）。因为后续家具的透视比例都将参照第一个家具，因此在绘制的过程中需确保第一个家具的透视关系准确无误。

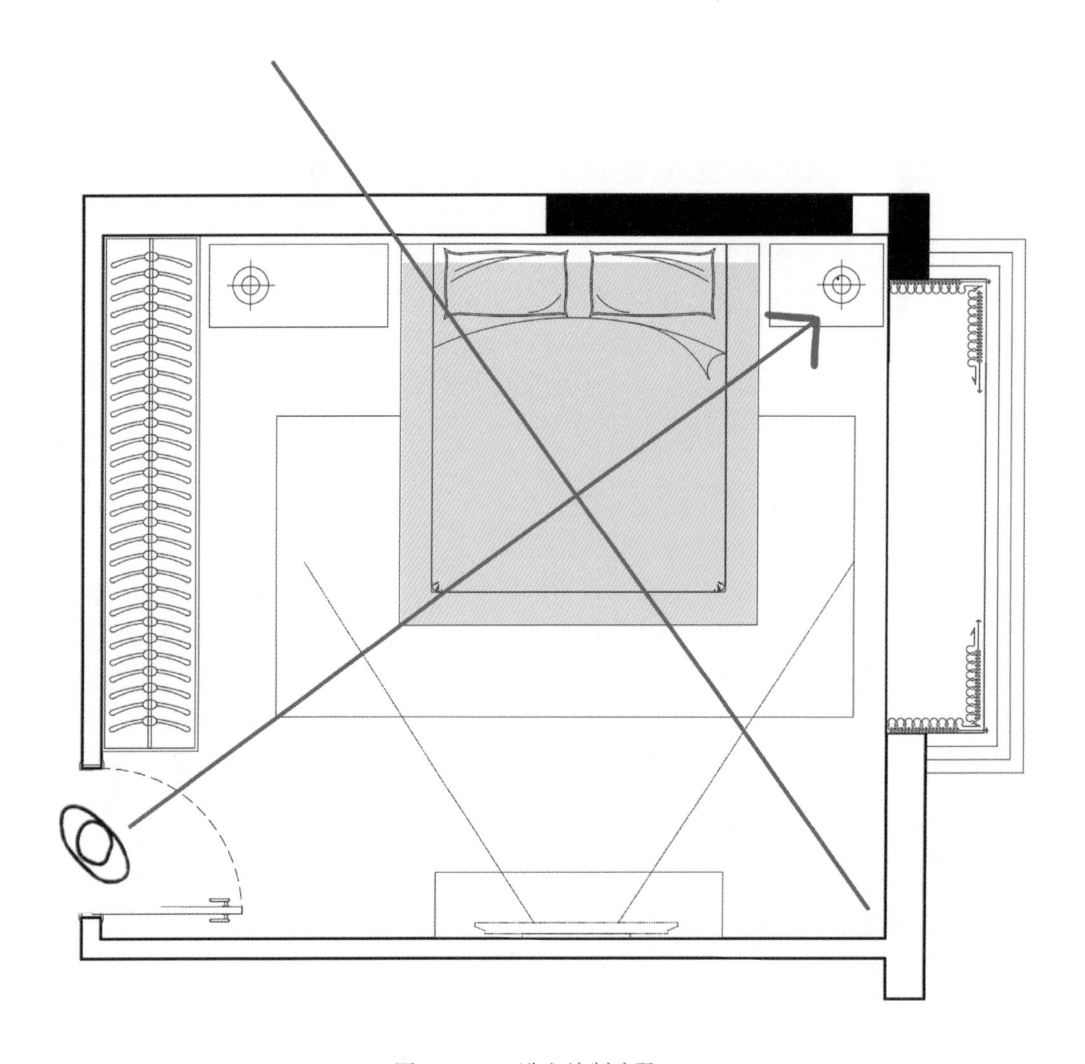

图 3–2–12　卧室绘制步骤一

（3）绘制床头柜

运用空间定位法，确定床头柜的缩变距离，完成床头柜的绘制（见图 3–2–14），注意床头柜和床的位置关系。床头柜的左侧无须绘制完整，通过留白和暗示，为观者保留想象空间，增加画面的艺术性。

（4）确定空间透视关系

卧室层高 2.4 m，叠级天花厚 20 cm，飘窗台高 50 cm，窗高 1.6 m。首先用空间定位法确定卧室转角的位置，再分别估算天花和飘窗的高度，随后完成空间透视关系的绘制（见图 3–2–15）。

（5）完善硬装细节

在绘制步骤四的基础上，完成床头背景墙、飘窗和射灯的绘制。在绘制过程中，需要注意各个界面的造型与整体空间的透视比例关系，确保其协调、美观。最后，在空间的关键转折处，运用粗线条加重描绘，赋予线稿更丰富的层次感（见图 3–2–16）。

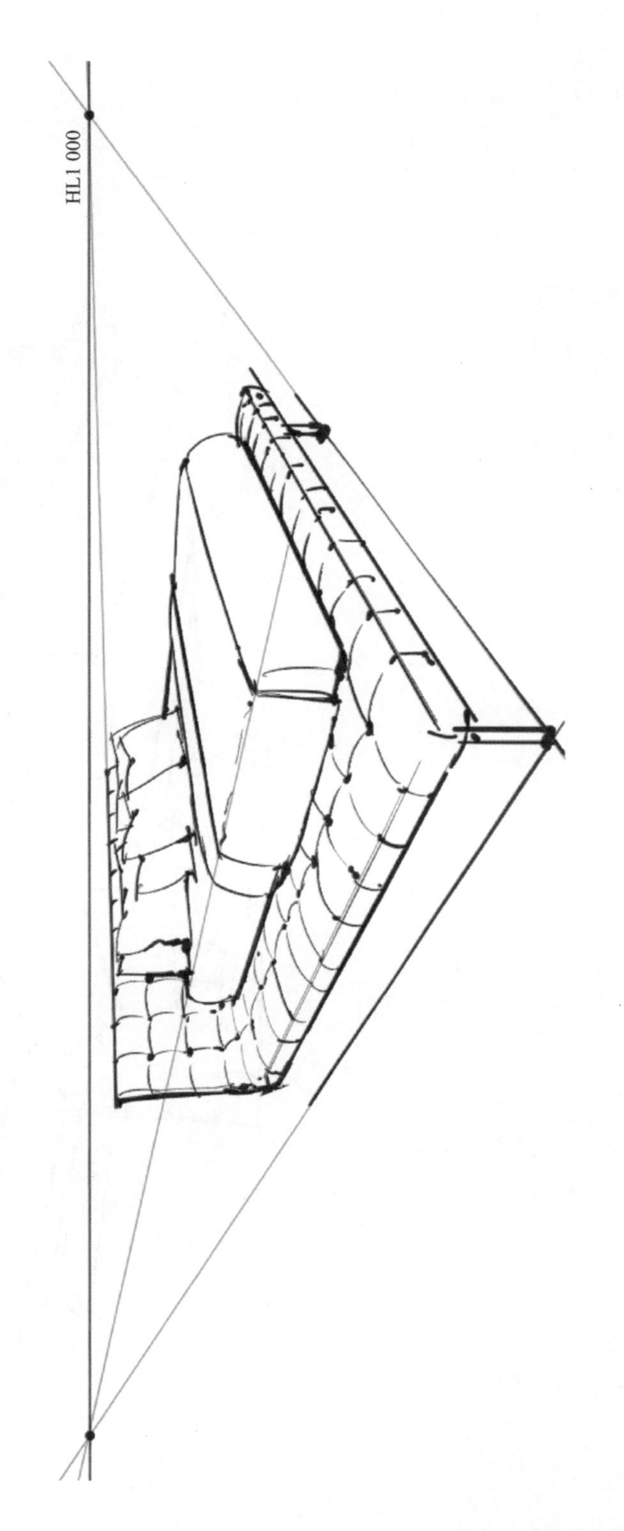

图 3-2-13　卧室绘制步骤二

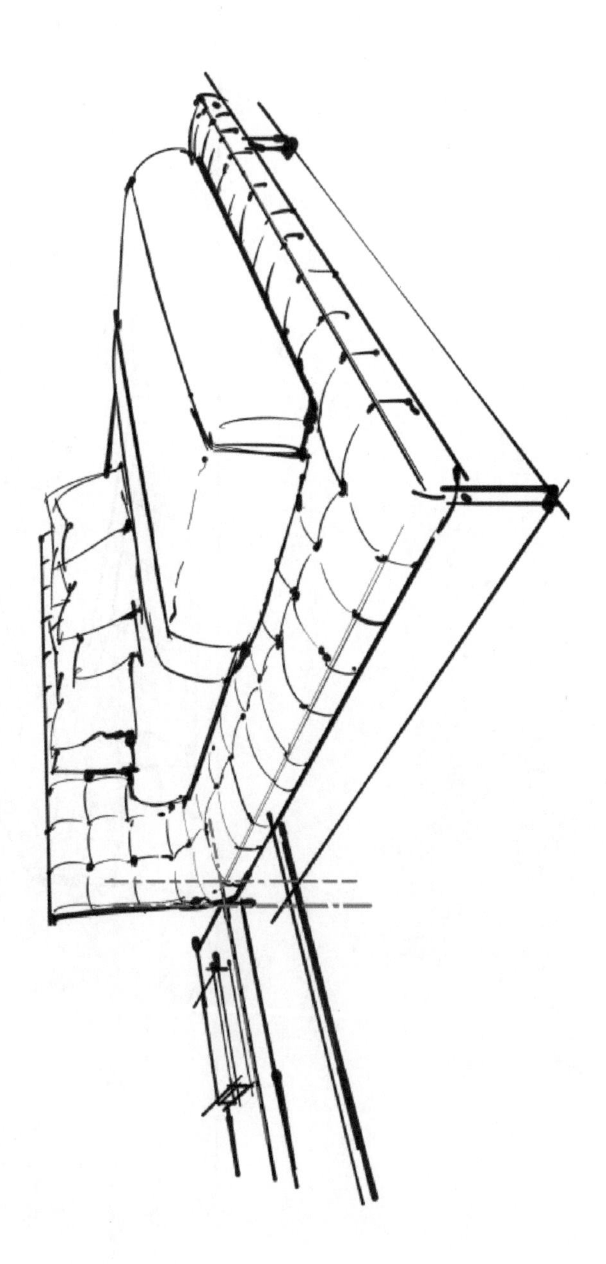

图 3-2-14　卧室绘制步骤三

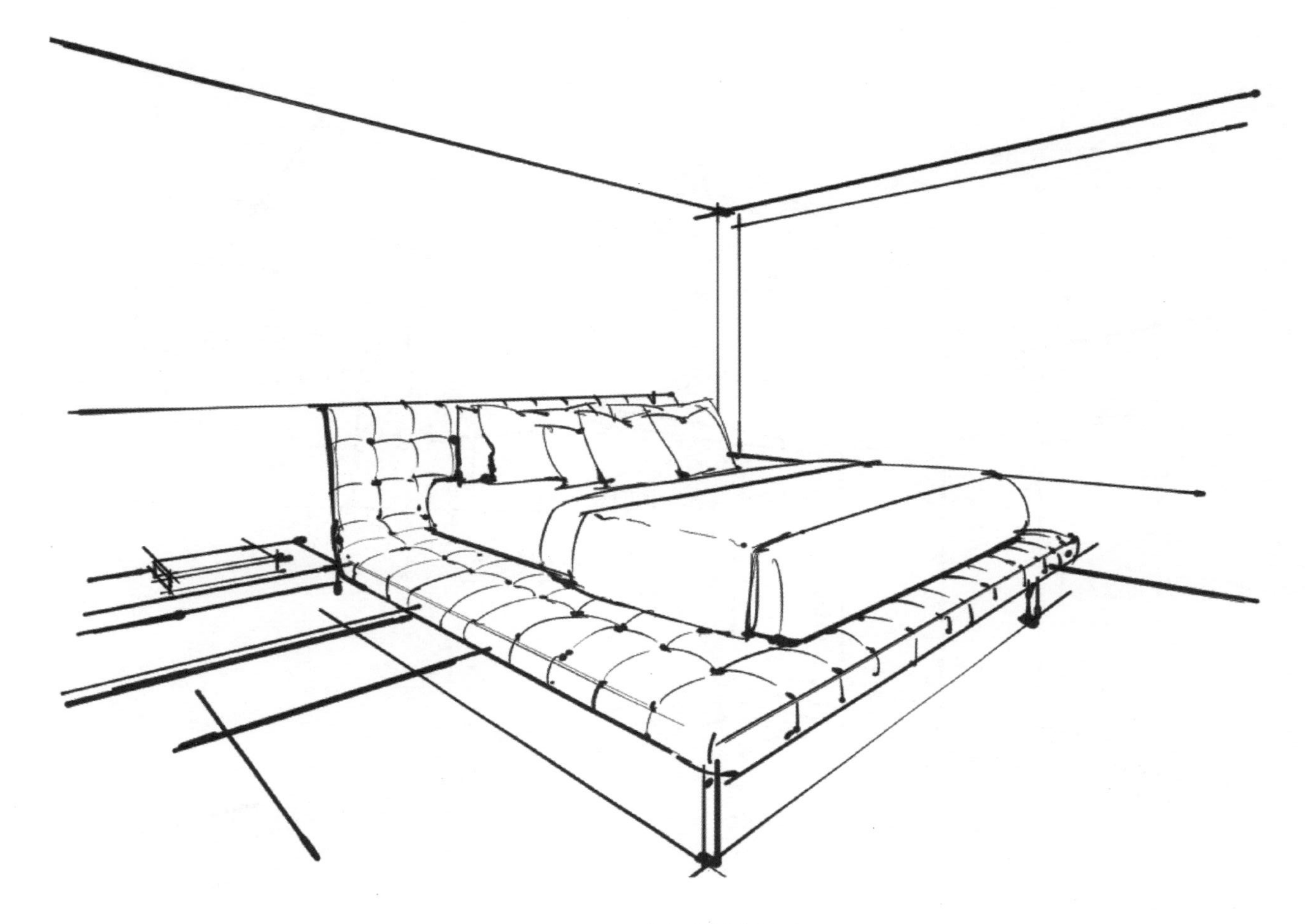

图 3-2-15　卧室绘制步骤四

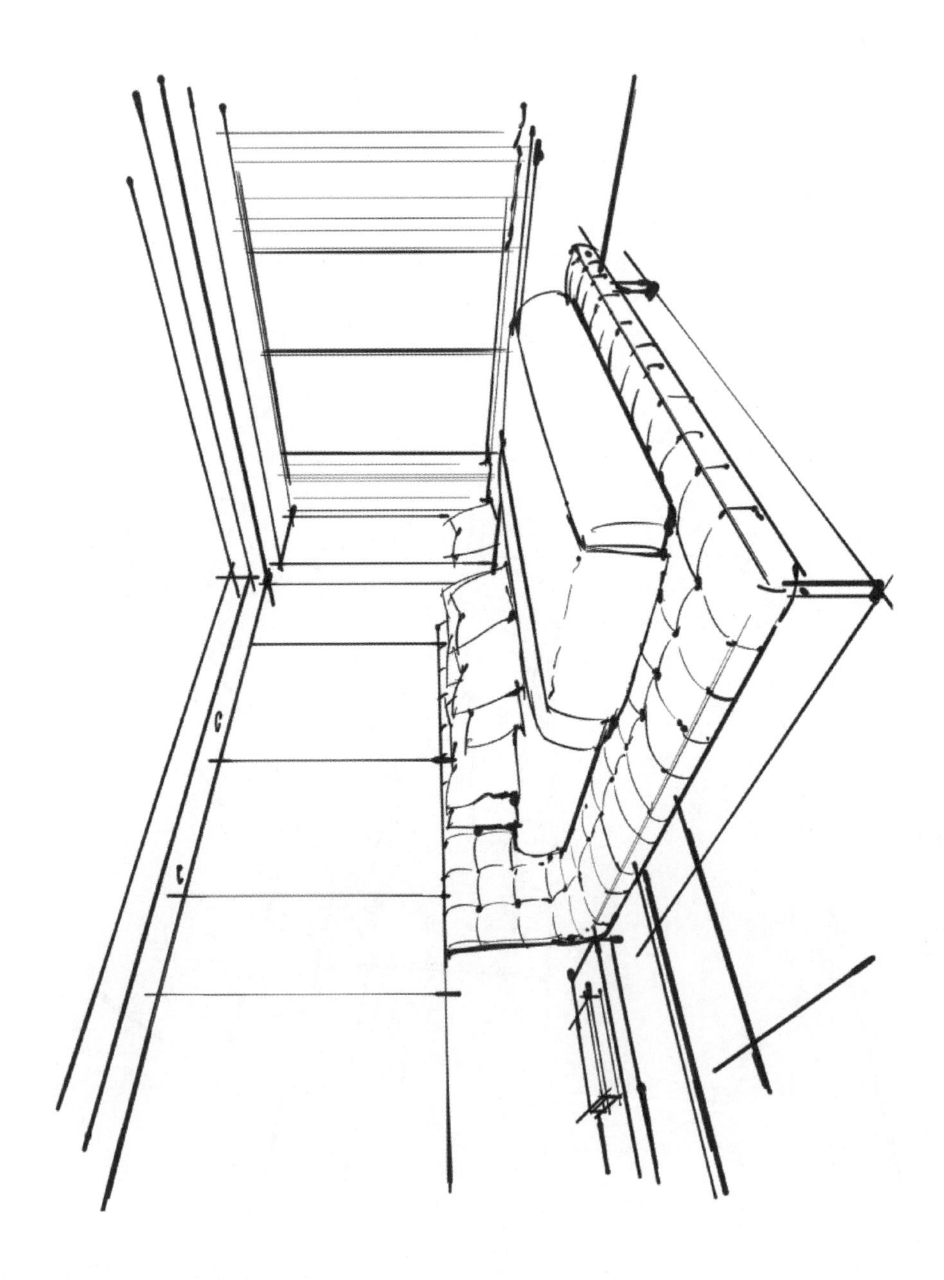

图 3-2-16　卧室绘制步骤五

3. 两点透视空间线稿图例

两点透视空间线稿图例如图 3-2-17 至图 3-2-21 所示。

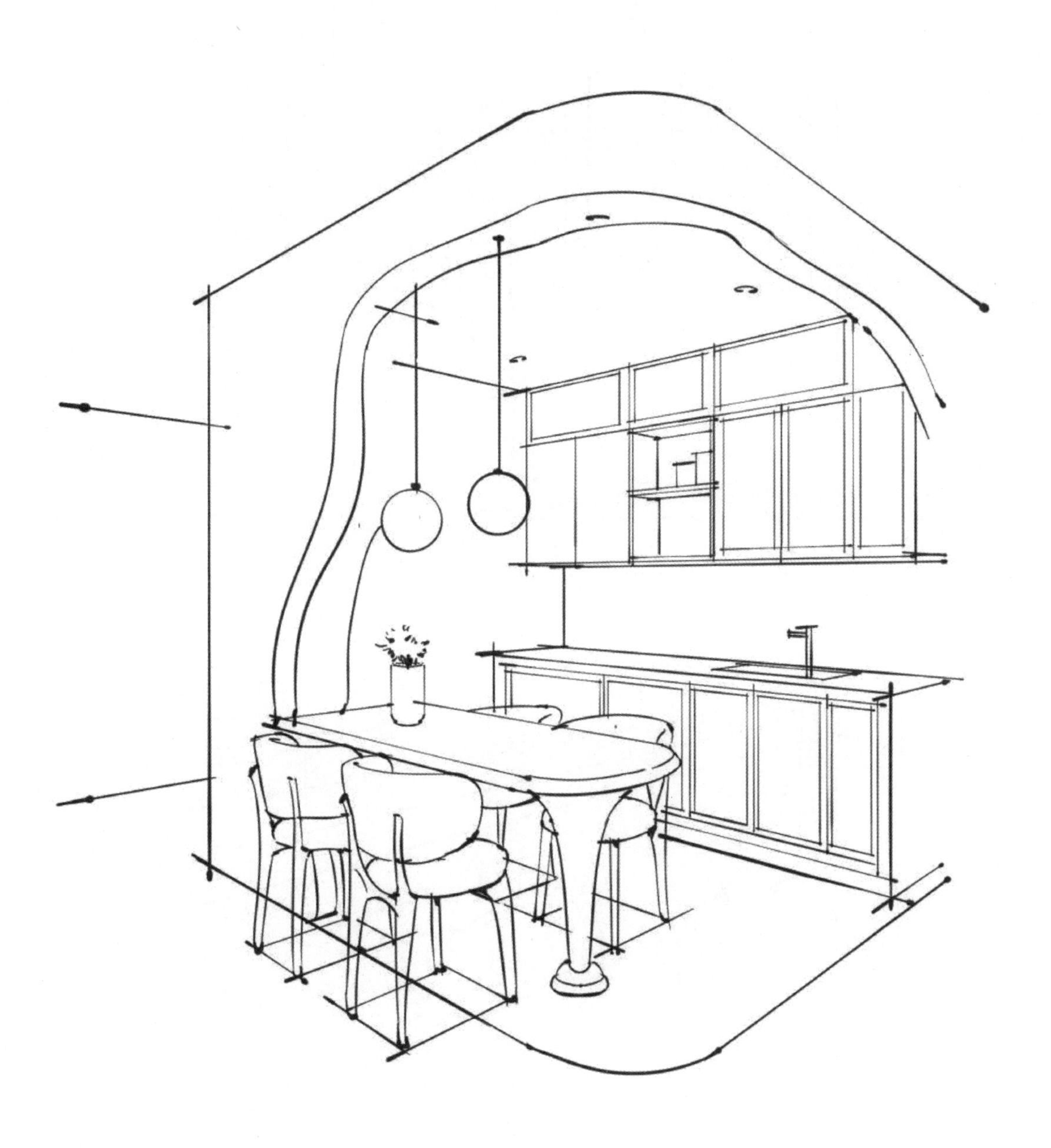

图 3-2-17　两点透视空间线稿图例一

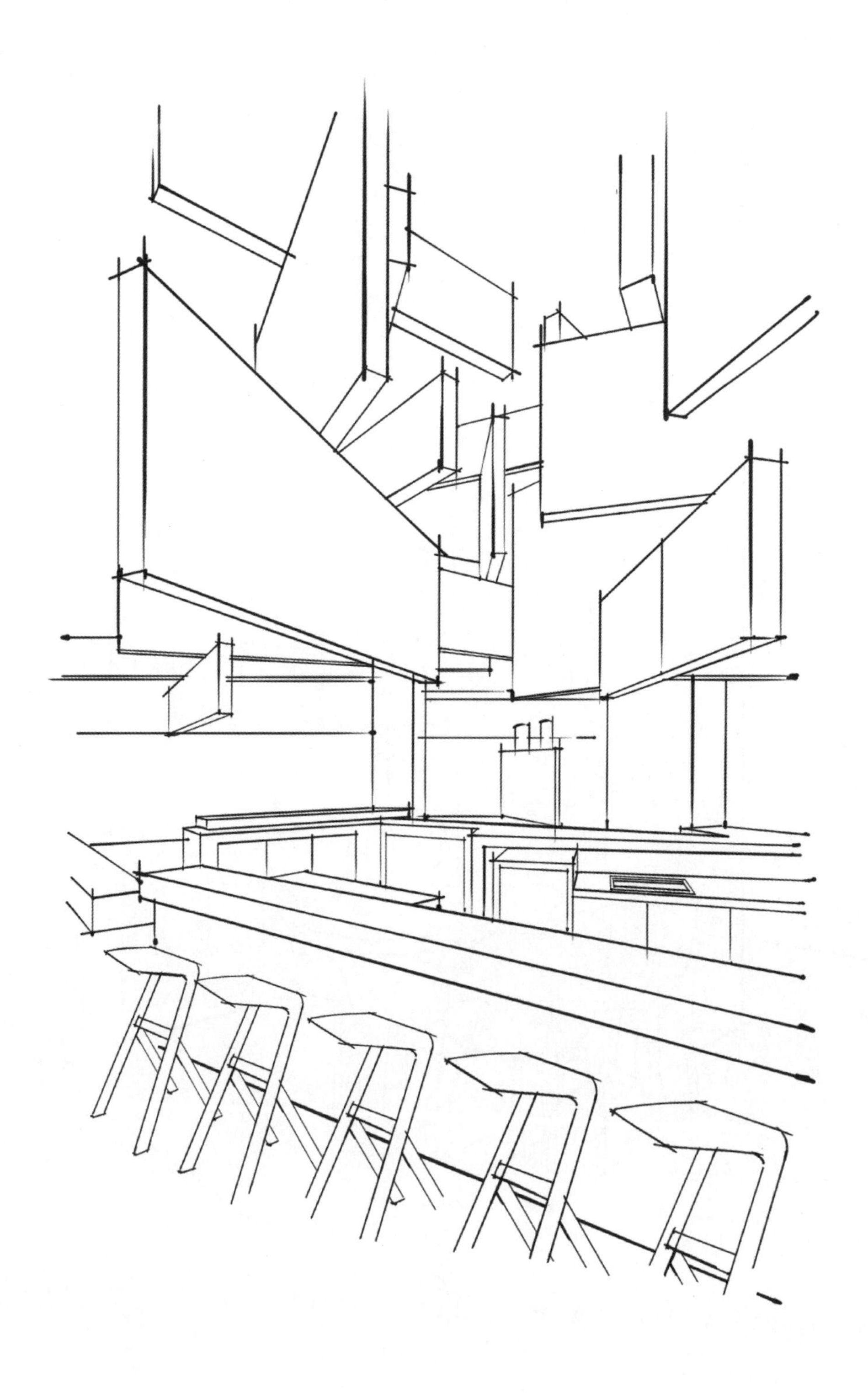

图 3-2-18　两点透视空间线稿图例二

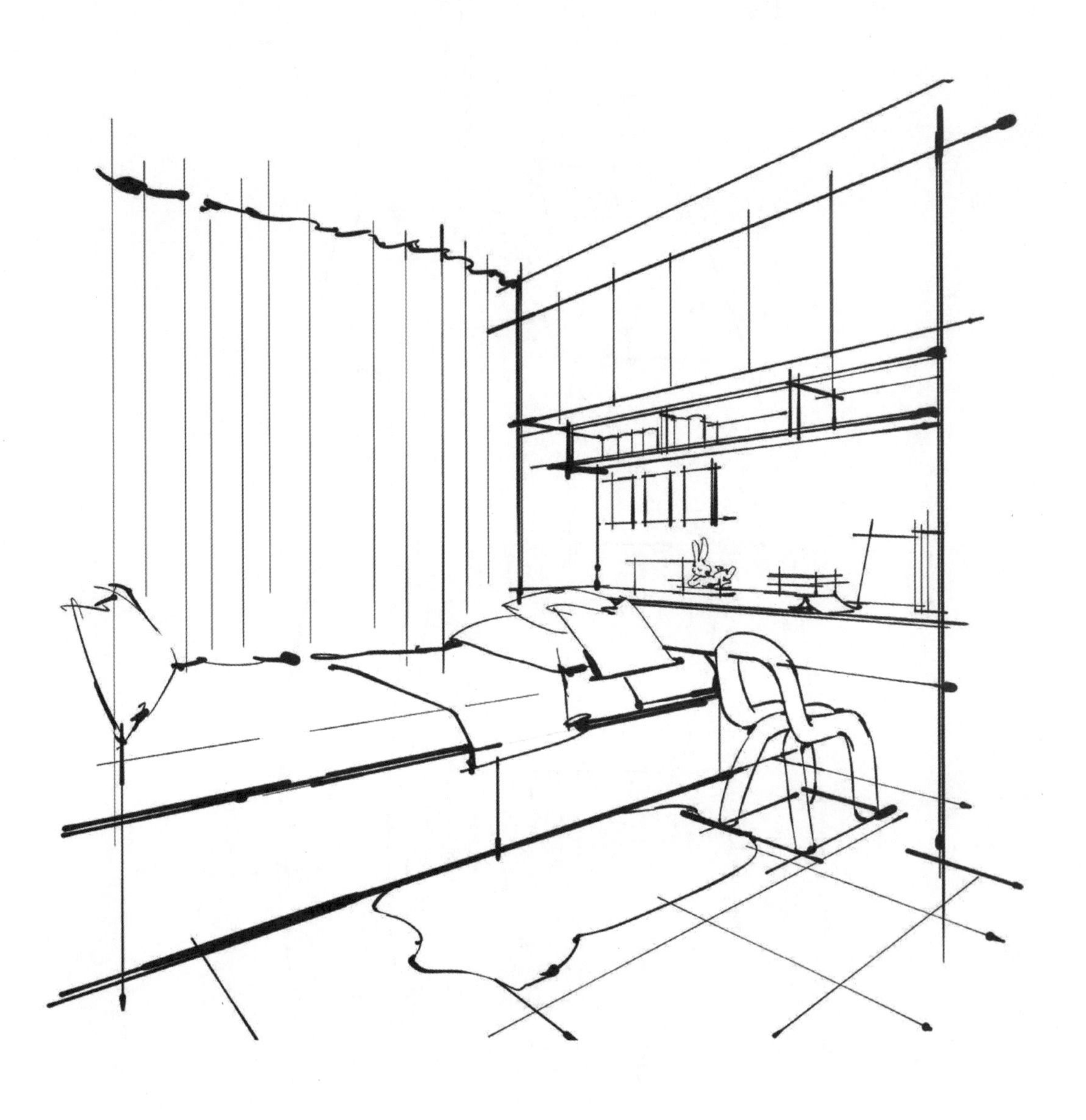

图 3-2-19 两点透视空间线稿图例三

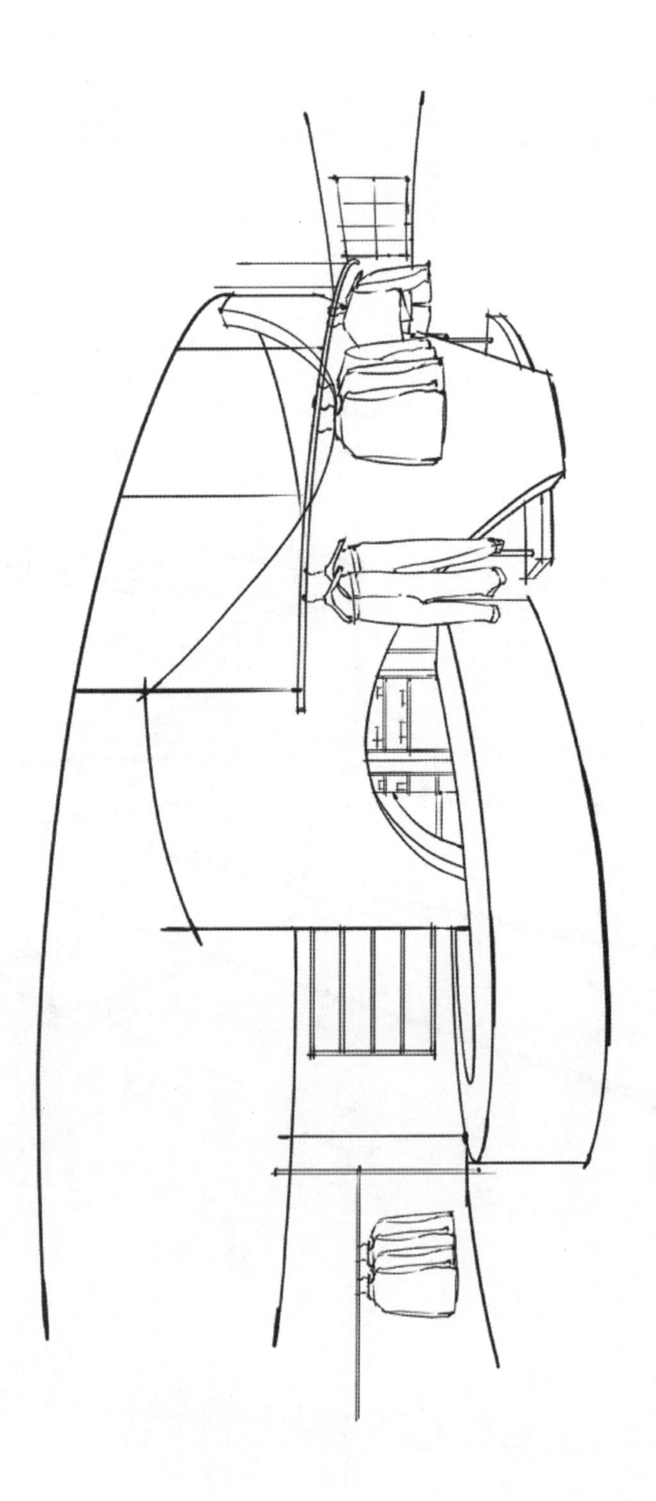

图 3-2-20　两点透视空间线稿图例四

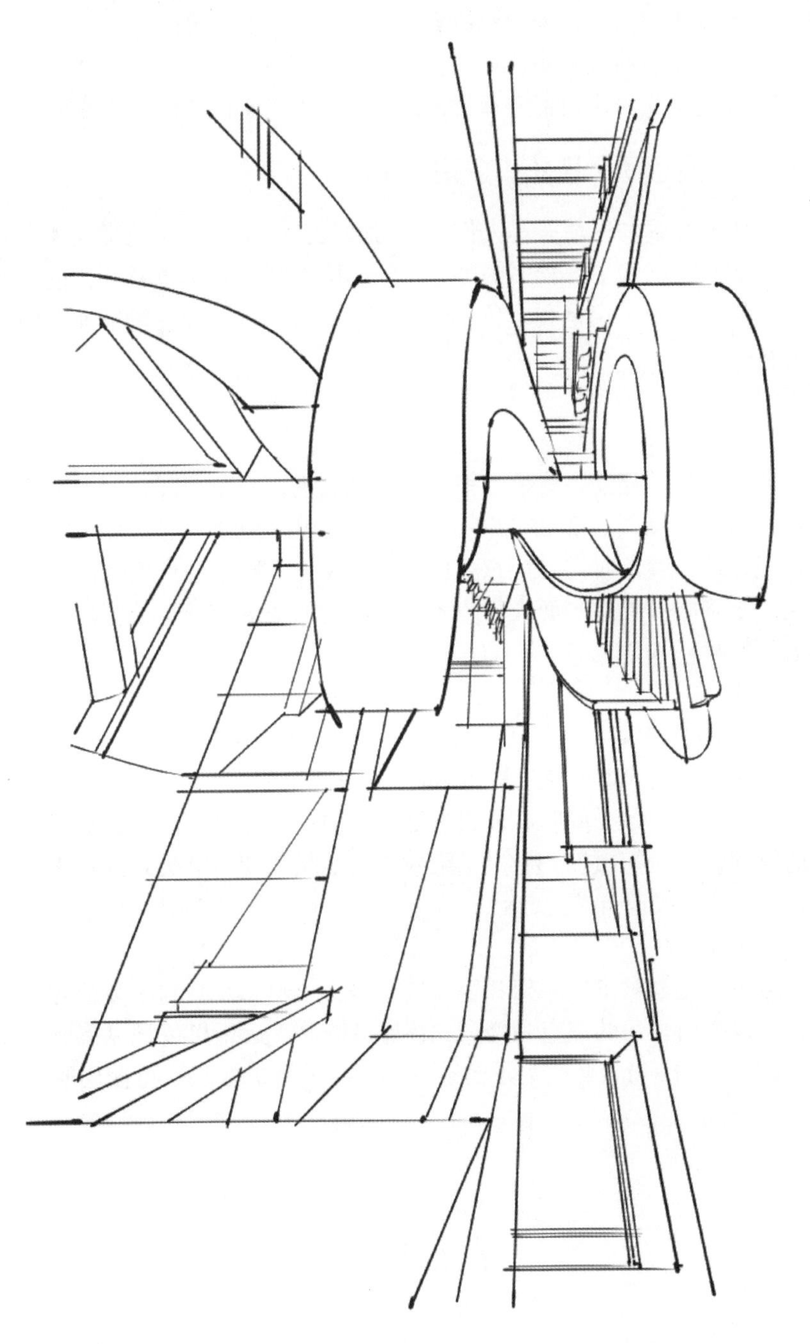

图 3-2-21　两点透视空间线稿图例五

巩固与提高

1. 根据分解步骤，完成两点透视卧室空间线稿的临摹练习。
2. 临摹两点透视空间线稿图例。
3. 尝试参考一个家居空间的平面图，进行两点透视空间线稿手绘表现。

四、两点透视空间上色（以卧室为例）

卧室作为休息睡眠的区域，是人们作息时间最长的空间，在色彩表现方面应以温馨、舒适、简洁、大气为主。较多的卧室空间会配以暖色系的色彩。在进行卧室的着色表现时，应结合运用马克笔和彩色铅笔，适当的时候多用彩色铅笔加以刻画，用于突出软性材料的质感。

1. 上色步骤

（1）铺底色

首先，选用浅色马克笔在线稿上铺一层基础底色，简单表现空间光影关系以及区分哑光和抛光材质（见图 3–2–22）。在配色时，采用两种颜色的组合可以使画面更加丰富多彩，但在选择颜色时需要注意颜色的纯度变化。鲜艳的点缀色仅限于小面积使用，以避免过于刺眼而导致画面失衡。大面积使用的颜色应选择偏灰的色调，以确保整体的和谐与平衡。

（2）刻画细节

其次，针对画面的视觉焦点进行细节刻画（见图 3–2–23）。本空间的视觉焦点是床组合，通过深入刻画床组合与近景物体的材质细节，并低调处理床头背景墙和飘窗，从而突显画面的主从关系。同时，加重近处物体的阴影部分，以塑造空间的深度。在绘制地毯的纹理时，运笔缓慢，做出晕染效果，并缓慢旋转笔头，控制线条的粗细与深浅变化，确保地毯纹理自然。

（3）光影与色彩调控

最后，运用高光笔对皮质床架和地毯进行提亮处理，并绘制床头柜的大理石纹和床头装饰画，以突出画面的焦点和增强立体感。同时，运用黑色马克笔适当强化画面的结构和层次（见图 3–2–24）。为了营造更加真实的视觉效果，可使用彩色铅笔增添光源色。

图 3-2-22　卧室上色绘制步骤一

图 3-2-23　卧室上色绘制步骤二

图 3-2-24　卧室上色绘制步骤三

2. 两点透视空间上色图例

两点透视空间上色图例如图 3-2-25 至图 3-2-29 所示。

图 3-2-25　两点透视空间上色图例一

图 3–2–26　两点透视空间上色图例二

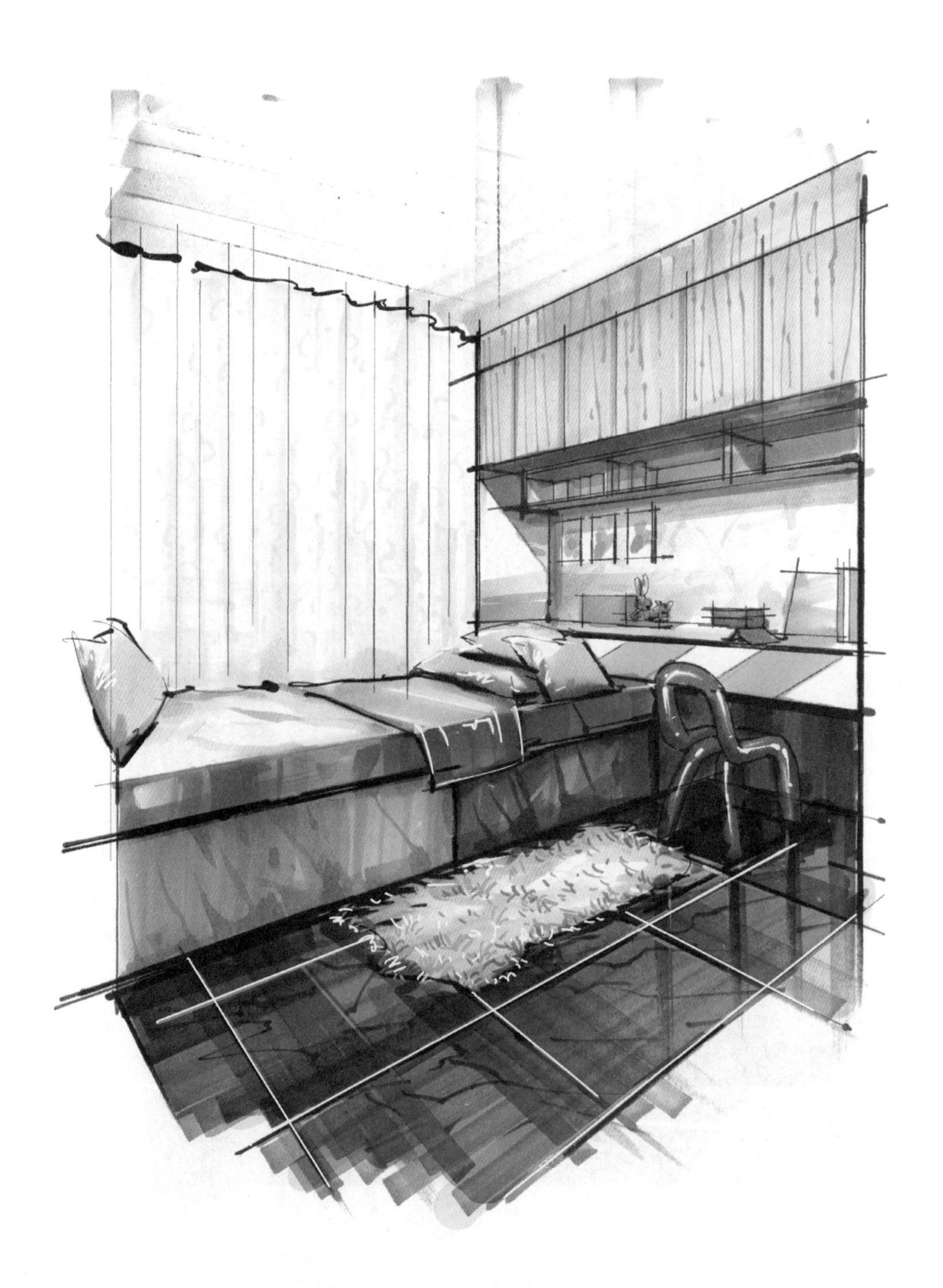

图 3-2-27　两点透视空间上色图例三

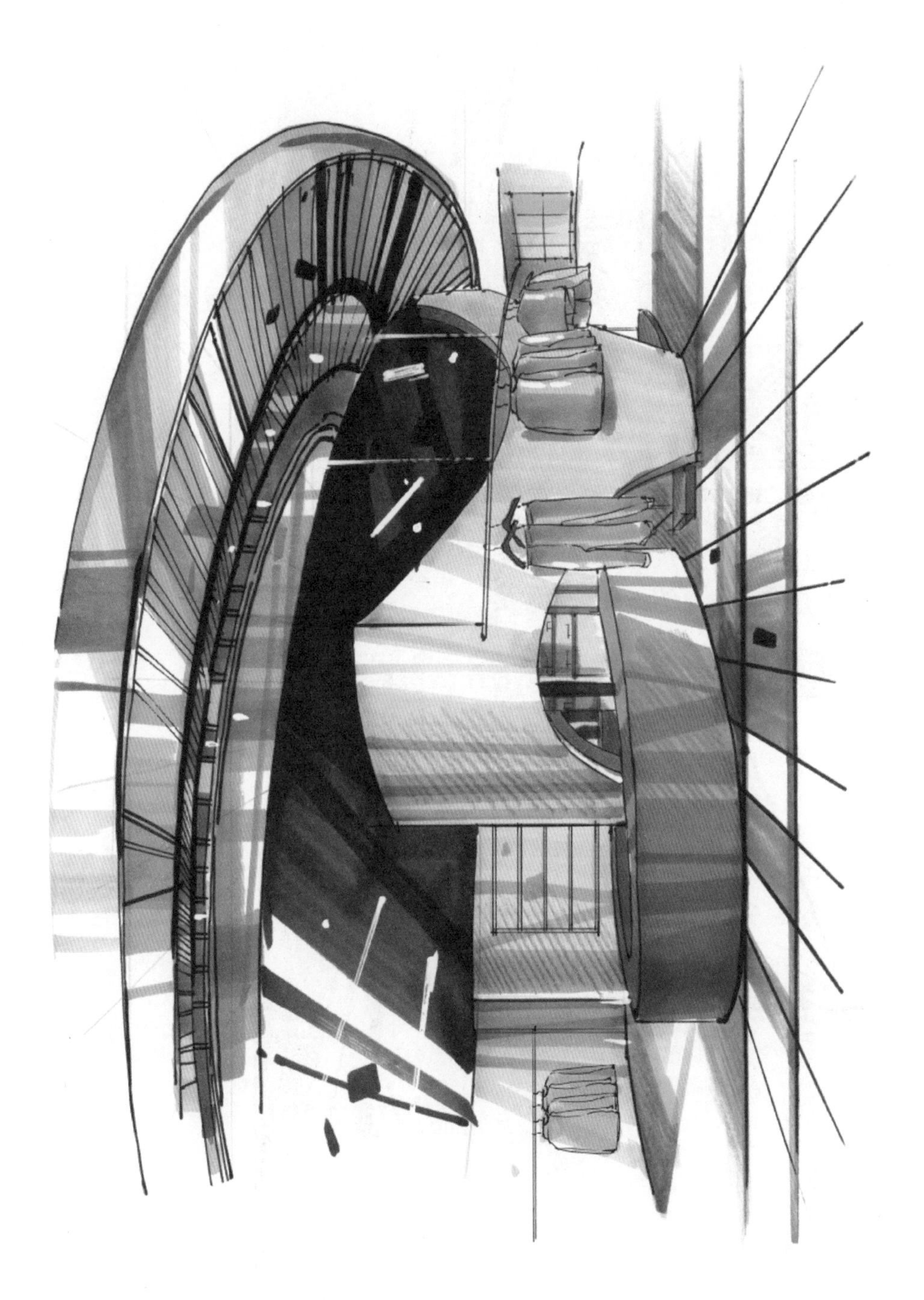

图 3-2-28　两点透视空间上色图例四

图 3-2-29　两点透视空间上色图例五

1. 根据分解步骤，完成两点透视卧室空间上色的临摹练习。
2. 临摹两点透视空间上色图例。
3. 尝试参考一个家居空间的平面图，进行两点透视室内空间表现。

第三节　一点斜透视空间手绘表现

学习目标

能绘制一点斜透视室内设计手绘效果图。

一点斜透视是介于一点透视与两点透视之间的透视形式，其效果如图 3-3-1 所示。相比于一点透视的刻板，以及两点透视的表现难度与视野局限性，一点斜透视则显得更为灵活与实用。在表现室内空间的构图时，一点斜透视是一个比较理想的选择，因为它既能保持画面与人的直观感受相近，又能确保视野的广阔性与强烈的纵深感。

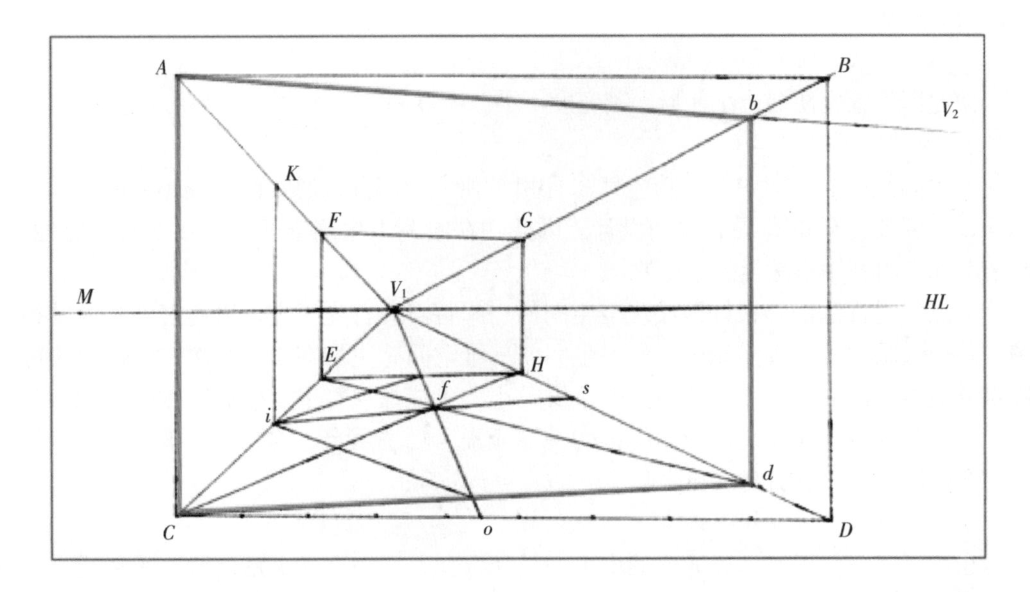

图 3-3-1　一点斜透视

一、一点斜透视空间线稿（以卫生间为例）

1. 卫生间的主要功能区域

卫生间是家庭生活中个人私密性最高的场所，也是缓解疲劳、舒展身心的地方。现代化的卫生间集休闲、保健、沐浴和清洗于一体，在优美的环境中让人的身心得到放松。

卫生间设计时应尽量采用防水、防滑和防潮的材料，整体色调以素雅的灰、白色为主，营造宁静、简约的环境。由于在卫生间活动中皮肤裸露较多，因此要求卫浴洁具尽量采用光滑、圆角的设计，避免擦伤或划伤皮肤。卫生间内如果空间条件允许，可布置绿植。卫生间的墙面多为瓷砖，可在腰线处布置花瓷砖以减少单调感。卫生间对照明亮度的要求不高，可采用间接照明。

卫生间的功能区域主要包括沐浴区、洗刷区和便池区。

（1）沐浴区

沐浴区的标准尺寸是 900 mm × 900 mm，可用玻璃或浴帘将其隔成独立空间，以起到遮蔽和防水的作用。沐浴间的形状常见的有长方形、正方形和半圆形三种。在沐浴间内还应设置相应的花洒插头、毛巾架、洗浴用品放置架等五金构件。沐浴区也常做成浴缸的形式，浴缸的常见尺寸为 2 000 mm × 600 mm。现代卫浴空间常采用大型的按摩浴缸、光波浴缸等。

（2）洗刷区

洗刷区包括洗手台、洗手盆、水龙头、毛巾架、化妆镜、镜前灯等。洗手台高度为 750 ~ 800 mm，单个洗手台的尺寸为 1 200 mm × 600 mm。洗手盆可选择面盆和底盆两种形式。洗手台台面和洗手盆常用的材料为玻璃和天然石材，其防水效果好，透明感和清凉感强。

（3）便池区

便池区设置坐便器或小便器，其宽度不小于 750 mm。

2. 绘制步骤

卫生间是家居空间中一个功能性强且相对独立的部分，通常面积较小，但内部设施丰富，需要高效的布局和收纳设计。因此，在绘制卫生间空间时，突出其功能性、整洁度和空间利用率是至关重要的。

一点斜透视法能够很好地展现卫生间的空间特点。首先，它可以通过斜角度的视图，模拟人眼观察的真实感受，使卫生间的三维空间感更加突出。其次，斜透视法可以强调卫生间的纵向深度，即使空间本身较小，也能在视觉上产生更宽敞的感觉。此外，一点斜透视法还能突出卫生间内的关键元素，如洗手台、淋浴区、坐便器等，使它们在整体空间中更加突出和协调。

（1）选定站点位置和视线角度

在选择站点位置时，以通道的中央为最佳选择，因为这样更贴近行人的视线，能够更好地引起观者的共鸣。当站点靠向一侧时，可借助另一侧家具的 45° 透视角度作为参考来确定具体的站点位置（见图 3-3-2）。

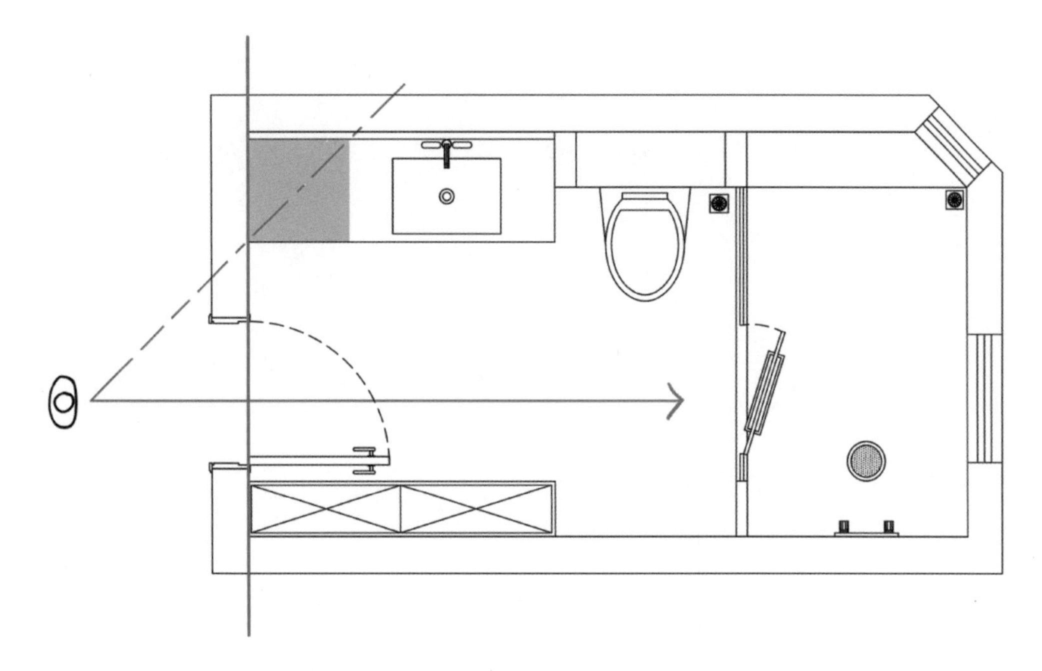

图 3-3-2　卫生间绘制步骤一

（2）定视平线与画面尺寸

设定视平线的高度，根据平面图上的站点确定消失点。空间定位法中的一点斜透视与一点透视原理相同。本次采用这种定位法来确定洗手台的尺寸和位置，并随后完成洗手台及镜子的绘制（见图 3-3-3）。在绘制洗手台时，要注意悬空的台脚和台面的透视角度。在一点斜透视中，第二个消失点的位置对于画面的透视效果具有显著影响，第二个消失点距离纸边越远，画面会呈现出越稳定的视觉效果，相反，画面将呈现出更强的动感和立体感。

（3）绘制坐便器及背景墙

运用空间定位法，确定坐便器和背景墙的缩变距离，并完成绘制（见图 3-3-4）。绘制的过程中，要确保背景墙透视关系的准确性，在一点斜透视里，横线不再保持平行状态，而是向第二个消失点汇聚。同时注意坐便器与洗手台的空间关系。

（4）确定空间透视关系

运用空间定位法，确定空间的透视关系，并完成脏衣篮、浴间门和侧柜的绘制（见图 3-3-5）。在绘制的过程中，要注意所有物体之间的空间关系。

（5）完善硬装细节

在绘制步骤四的基础上，完成淋浴间、地板和镜子中倒影的绘制（见图 3-3-6）。线条的粗细在空间感的营造中发挥着关键作用。为确保淋浴间与淋浴门在视觉上的区分，淋浴间的线条要细，而淋浴门的线条要粗。镜子与倒影的处理也是如此。通过线条粗细的对比，增强画面空间的整体层次感。在绘制镜子倒影时，要注意透视关系。

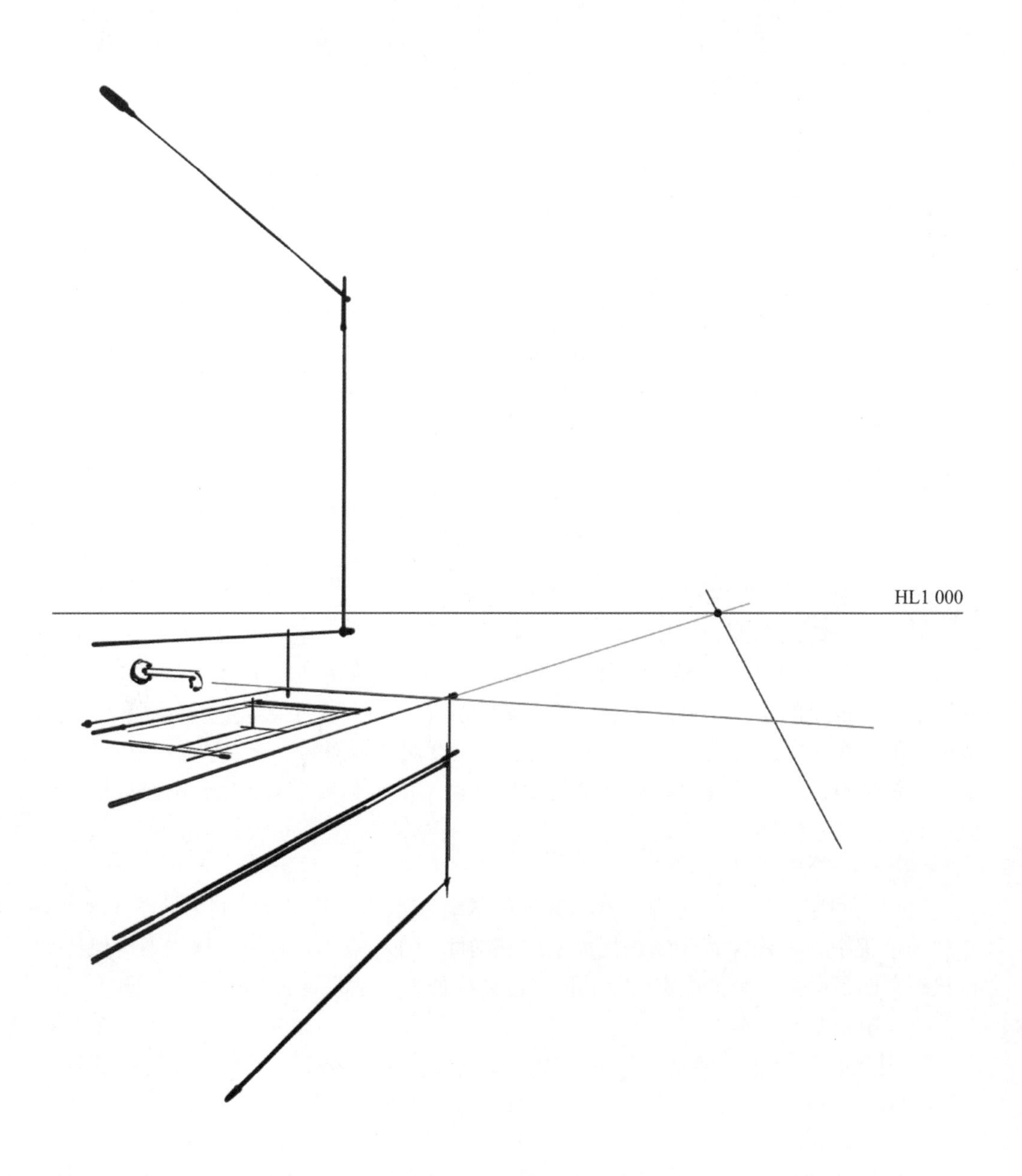

图 3–3–3　卫生间绘制步骤二

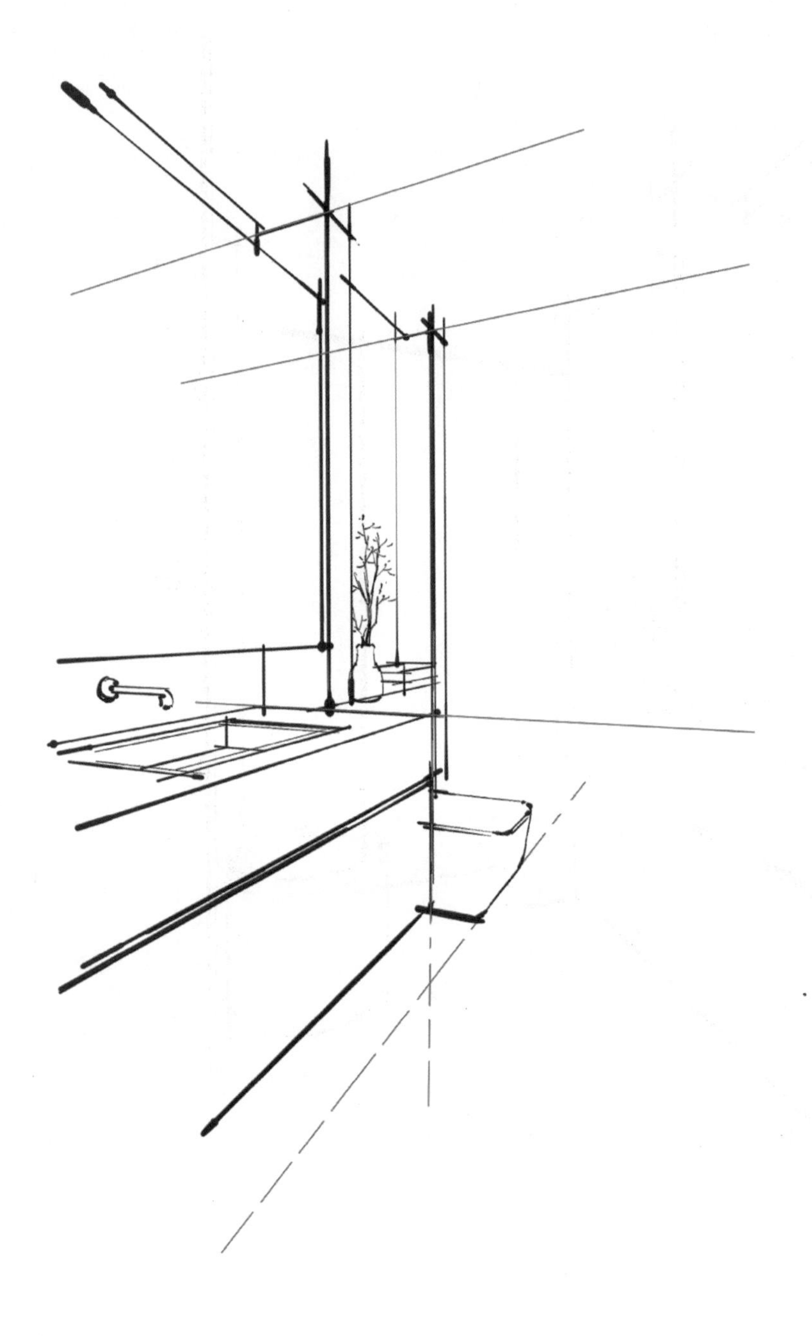

图 3-3-4　卫生间绘制步骤三

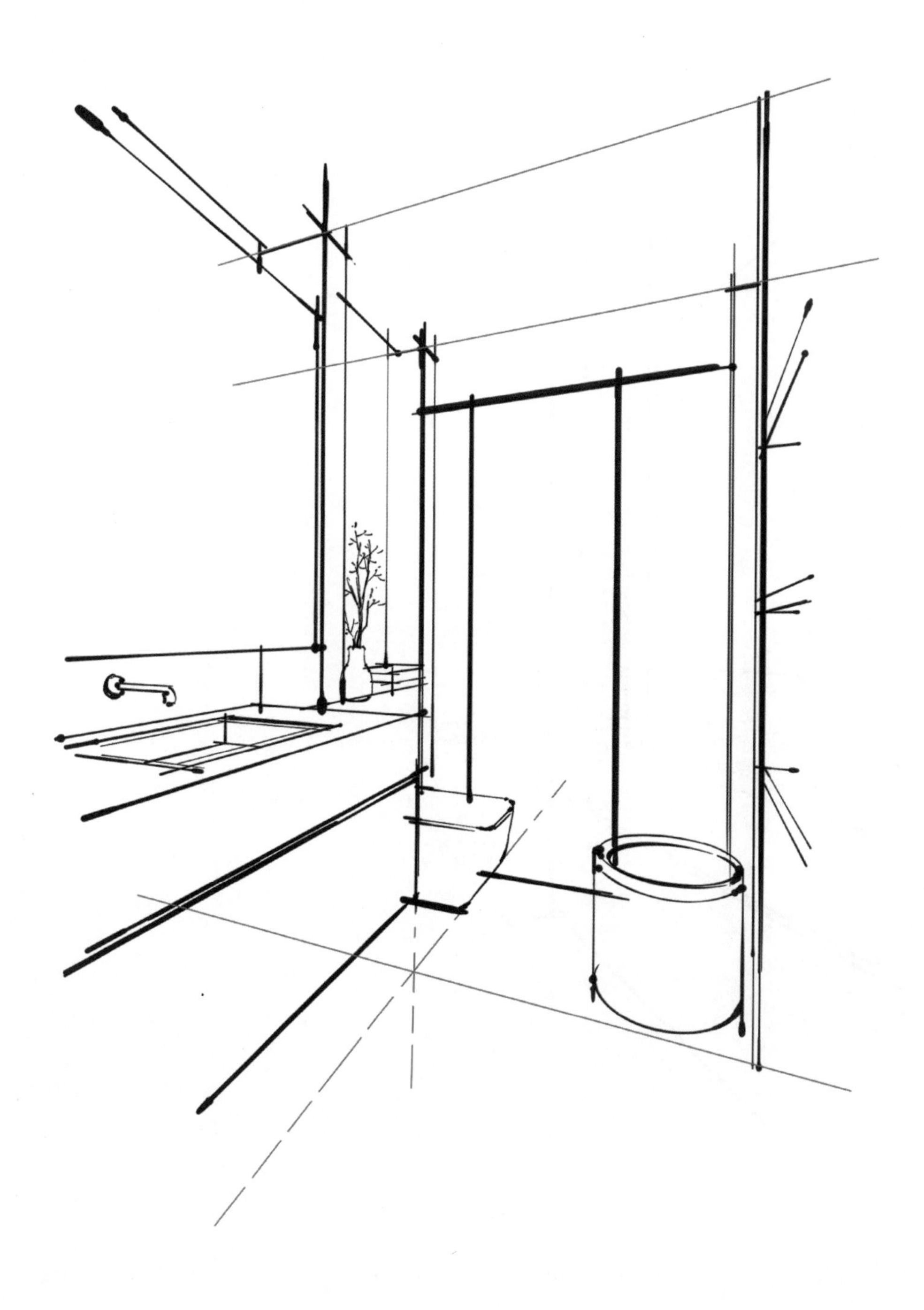

图 3-3-5　卫生间绘制步骤四

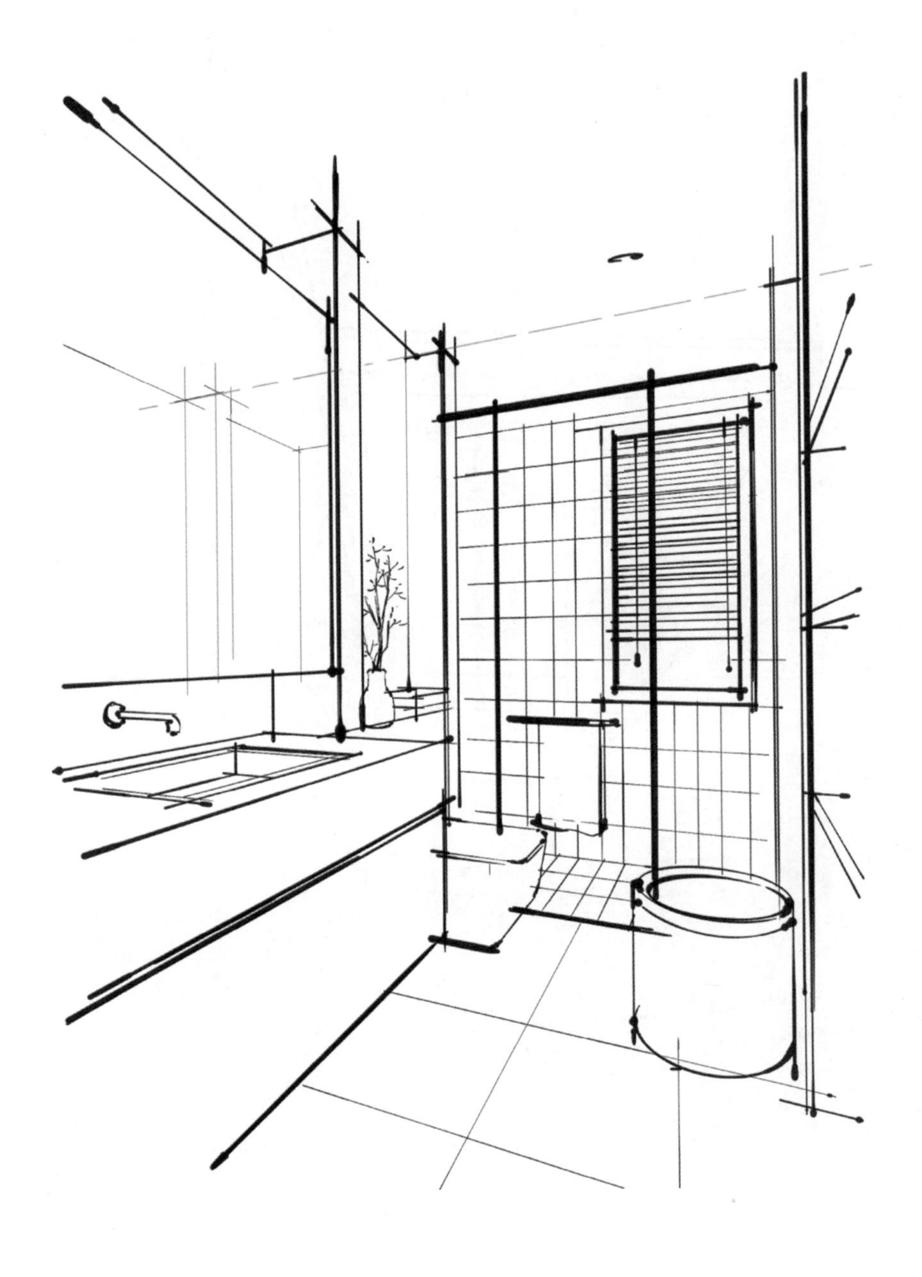

图 3-3-6　卫生间绘制步骤五

3. 一点斜透视空间线稿图例

一点斜透视空间线稿图例如图 3-3-7 至图 3-3-11 所示。

图 3-3-7　一点斜透视空间线稿图例一

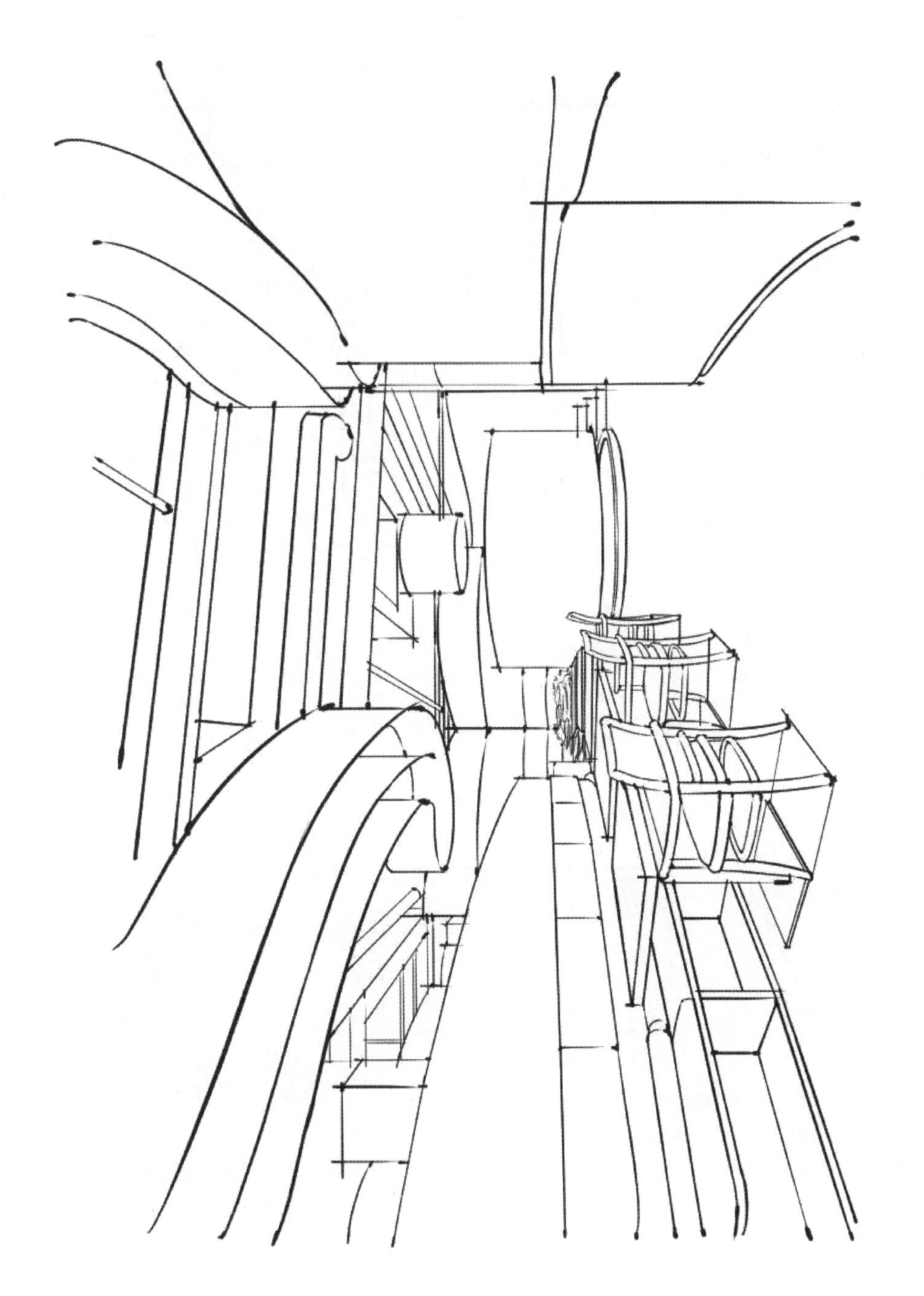

图 3-3-8　一点斜透视空间线稿图例二

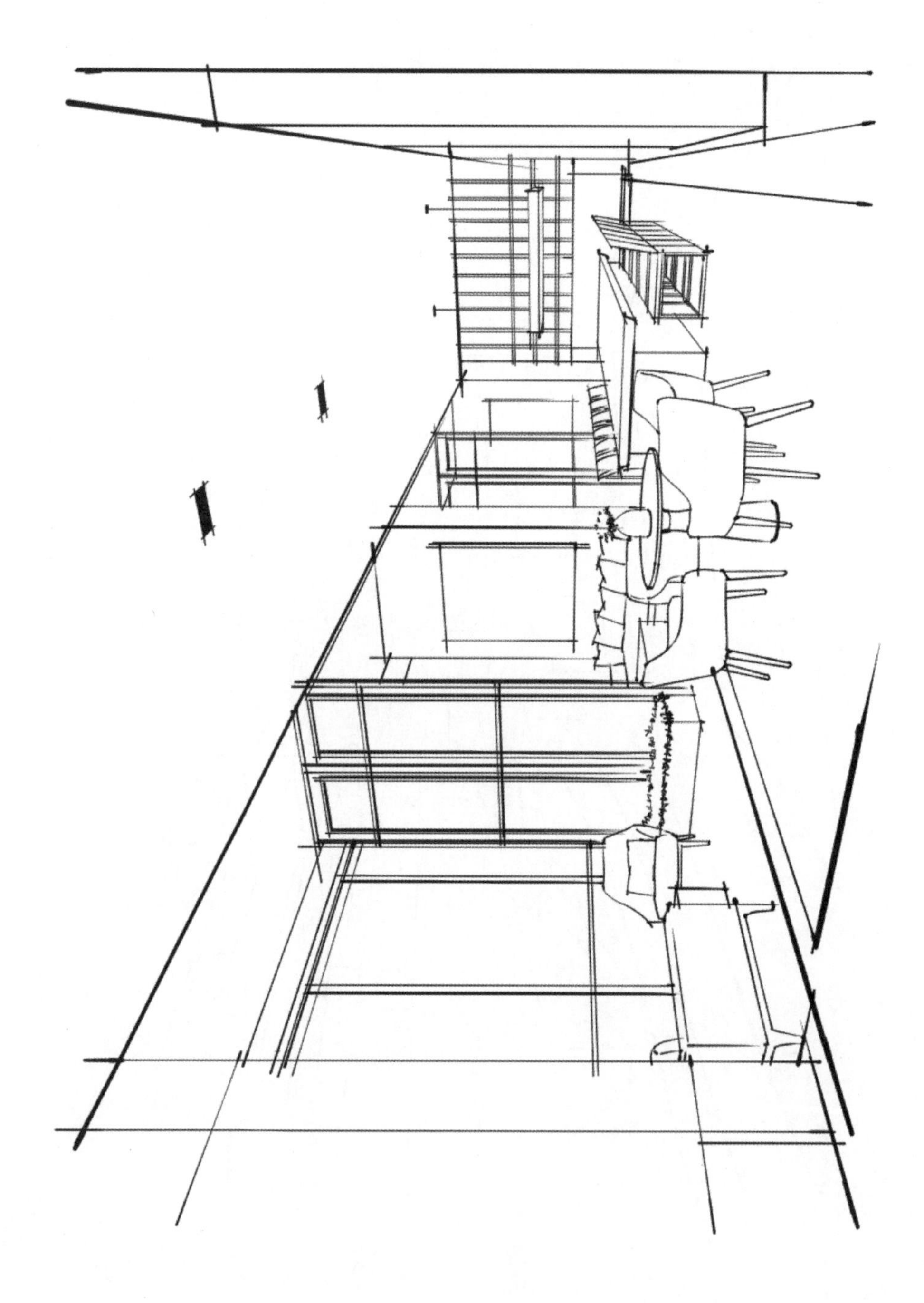

图 3-3-9　一点斜透视空间线稿图例三

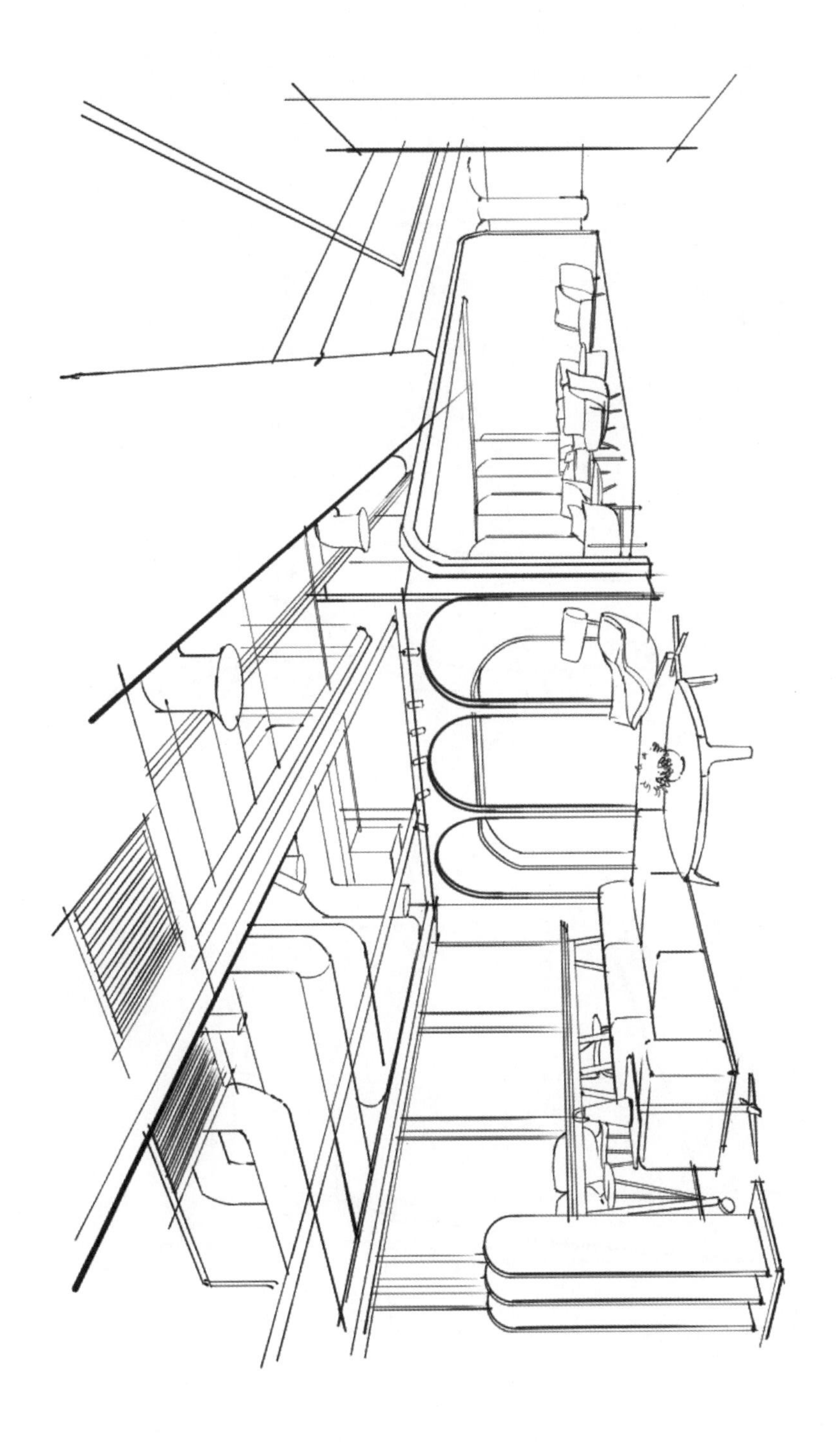

图 3-3-10 一点斜透视空间线稿图例四

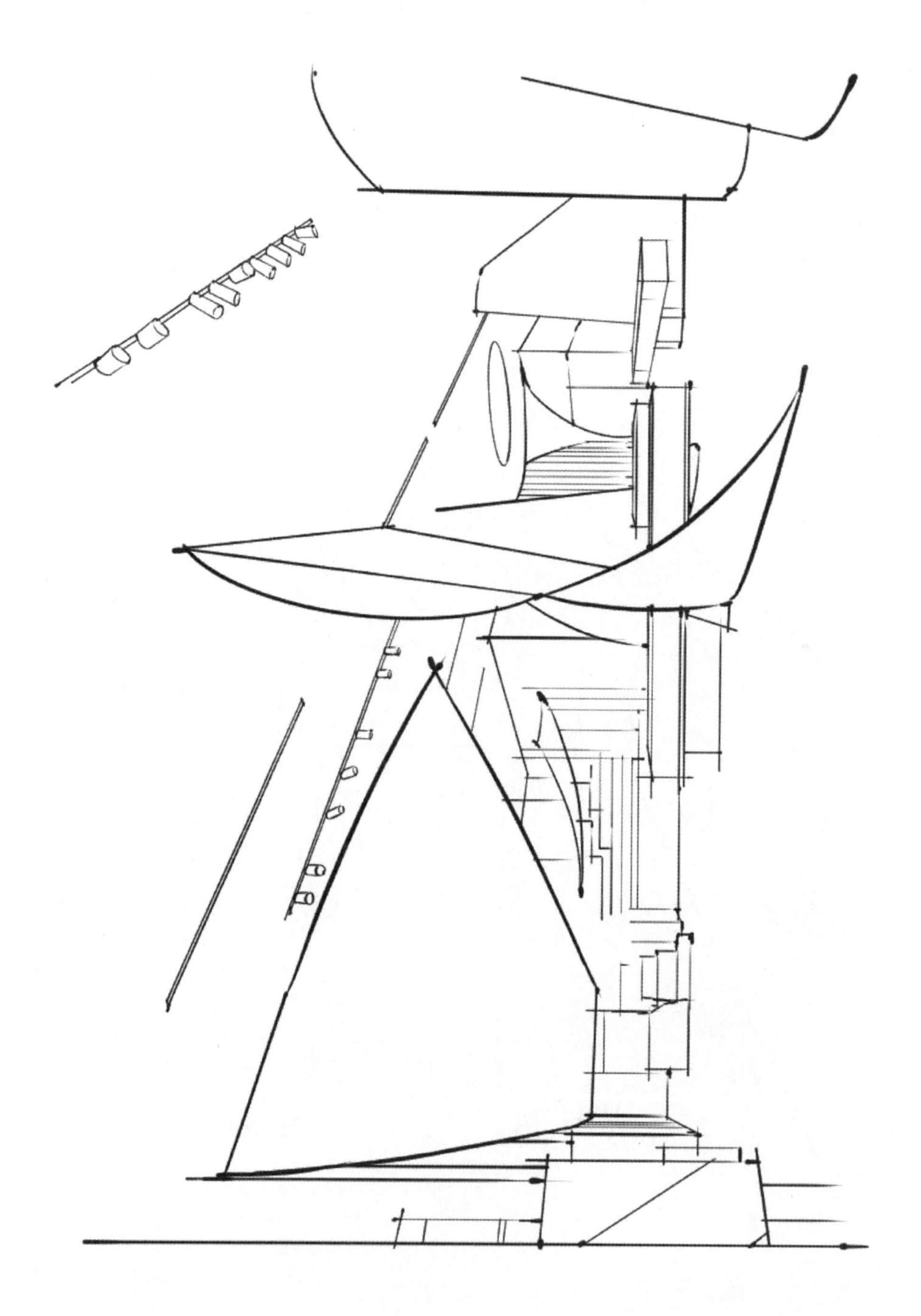

图 3-3-11　一点斜透视空间线稿图例五

巩固与提高

1. 根据分解步骤，完成一点斜透视卫生间空间线稿的临摹练习。
2. 临摹一点斜透视空间线稿图例。
3. 尝试参考一个家居空间的平面图，进行一点斜透视空间线稿手绘表现。

二、一点斜透视空间上色（以卫生间为例）

卫生间在色彩方面应配以清凉、明快的色调，如蓝色、浅黄色等，营造舒适的空间，使人们在优美的环境中身心得到放松。

1. 上色步骤

（1）铺底色

首先，选用浅色马克笔在线稿上铺一层基础底色，简单表现空间光影关系以及区分哑光和抛光材质（见图 3–3–12）。

（2）刻画细节

卫生间空间有限，因此难以形成突出的视觉焦点。为了增强画面的立体感和空间感，需要加强对阴影部分的描绘，使物体更加立体，从而提升整体视觉效果（见图 3–3–13）。

（3）光影与色彩调控

在最后环节，运用高光笔对砖缝进行提亮处理，并绘制前方洗手台和脏衣篮的纹理（见图 3–3–14），以增强画面层次感。并使用彩色铅笔增添光源色，营造更真实的视觉效果。

2. 一点斜透视空间上色图例

一点斜透视空间上色图例如图 3–3–15 至图 3–3–19 所示。

图 3-3-12　卫生间上色绘制步骤一

图 3-3-13　卫生间上色绘制步骤二

图 3-3-14　卫生间上色绘制步骤三

图 3–3–15　一点斜透视空间上色图例一

图 3-3-16　一点斜透视空间上色图例二

图 3-3-17 一点斜透视空间上色图例三

图 3-3-18　一点斜透视空间上色图例四

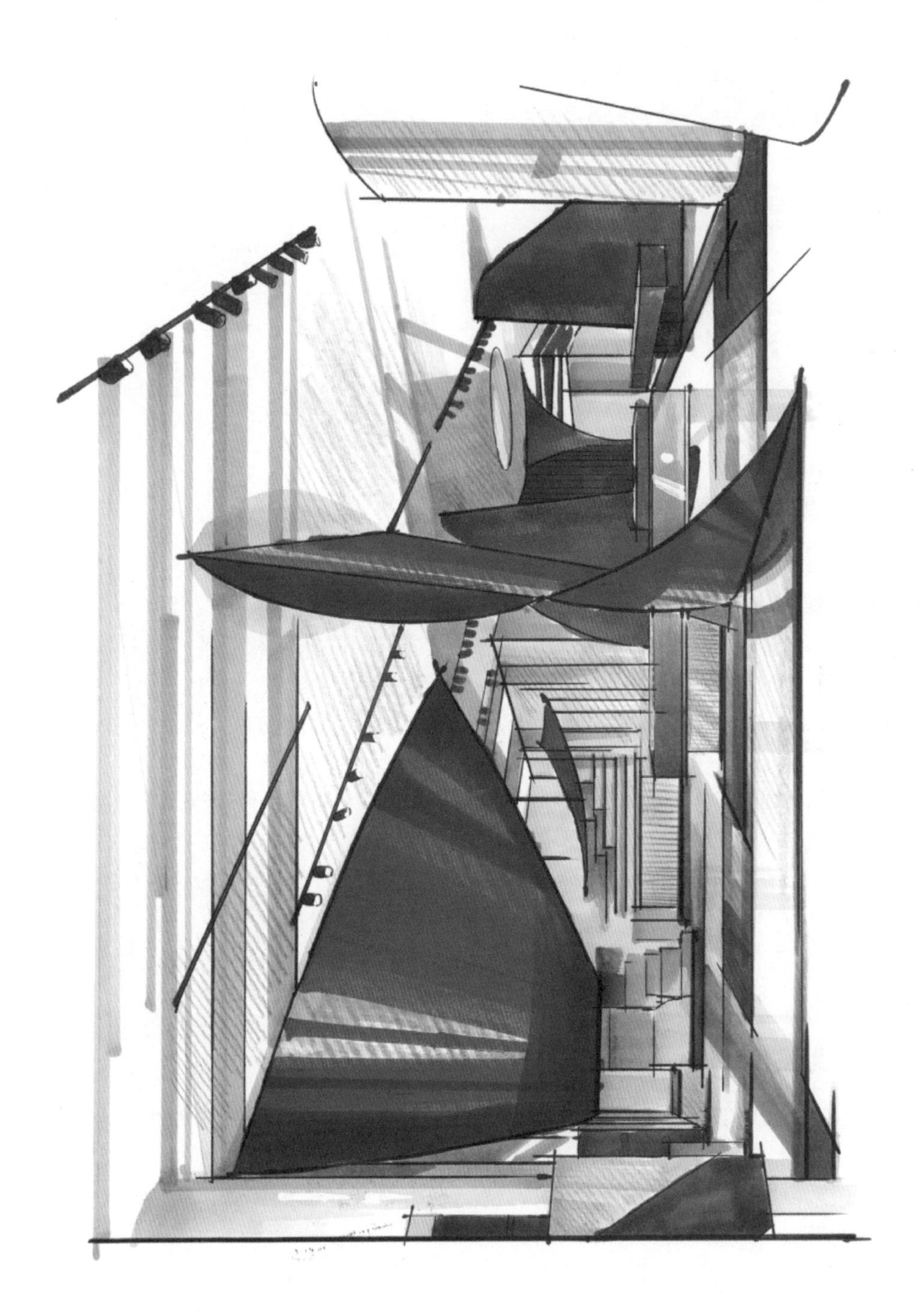

图 3-3-19　一点斜透视空间上色图例五

巩固与提高

1. 根据分解步骤，完成一点斜透视卫生间空间上色的临摹练习。
2. 临摹一点斜透视空间上色图例。
3. 尝试参考一个家居空间的平面图，进行一点斜透视室内空间表现。

第四节 光影空间手绘表现

学习目标

能绘制具有光影效果的室内设计手绘效果图。

一、光影的空间表现

在室内手绘艺术中，光影不仅是构成画面的基本元素，更是赋予空间生命力和情感表达的关键。光影的正确运用能够显著提升作品的艺术效果和视觉吸引力，从而赋予作品强烈的视觉冲击力和生动性，进而充分展现空间的深度和广度，为观者带来更加丰富的视觉体验。

光影的对比和渐变能提升画面的空间感，是塑造空间立体感的有效手段。通过光源的定位，可以控制画面中阴影的形状和深浅，从而引导观者的视线，突出空间的重点区域。光影对比还有助于表现各种材质的特性，增强画面的真实感和质感，使手绘作品更加生动。

同时，光影效果还能丰富画面的色彩表现，为画面带来生命力。例如，在明亮区域作暖色调处理，在阴影部分作冷色调处理，使得静态的色彩在光影的映衬下显得更为生动，这样既丰富了画面的色彩层次，也使整个空间场景更具有艺术感。

在室内设计手绘表现中，光影不仅是画面构成的基石，更是赋予作品生命力和情感深度的核心。

二、光影空间上色（以展厅为例）

展厅是一个多功能的空间，旨在通过精心规划的展示布局和视觉传达，为观众提供教育性、互动性和审美性体验，同时实现信息传递和品牌推广的目的。因此，展厅具有多功能性、空间复杂性、展示需求、情感表达需求等多重优势，适合作为光影空间手绘表现的图例。

展厅的类型多样，从博物馆、艺术画廊到商业展览会、企业展示中心，每种展厅都是为了特定的展示目的和目标受众而设计的，因此一个完整的展厅方案必然结合了美学、功能性、技术应用、环境心理学及品牌战略等多方面因素。

展厅的主要功能区域包括入口区、展示区、互动区、休息区及服务区，每个区域都

有适合相应观众行为和展示需求的设计考量。例如，在入口区，会提供清晰的导向信息和欢迎氛围；在作为展厅核心的展示区，则需考虑展品的特性和展示逻辑；在互动区，会通过多媒体或实体互动，鼓励观众参与，增强展示效果；在休息区，会提供必要的休憩空间，以延长观众的停留时间；在服务区，则为观众提供咨询、导览和必要的服务支持。

为了确保各个功能区域的舒适性和可用性，设计师会深入应用人体工程学原理规划空间布局，确保每个区域都能满足观众的行为需求和生理舒适度。例如，展台的高度通常设置为 850～1 150 mm，以适应大多数成年人的舒适视线；展台的深度会控制在 600～800 mm，为观众提供足够的观看空间，同时避免造成拥堵；通道的宽度会至少设置为 1 200 mm，以适应高峰时段的人流，紧急疏散通道则更宽，通常在 1 500 mm 以上；标识牌的高度设计为 1 200～1 500 mm，以便观众快速识别和获取信息；座椅和休息区的设计考虑到人体坐姿的舒适度，座椅高度通常为 400～450 mm，靠背倾斜角度为 100°～110°；服务台的高度则设置为 1 000～1 200 mm，以便工作人员与观众交流；无障碍通道的宽度会至少设置为 900 mm，以确保所有观众都能方便地进入展厅。

在室内设计手绘表现中，准确绘制出各功能区的空间尺度是基础，而光影效果则能进一步增强空间的立体感和情感表达。优秀的光影表现不仅能引导观众的视线，还能通过明暗对比和色彩变化，强化材质质感和空间氛围，提升展厅的艺术性和视觉引导性，创造出既真实又引人入胜的视觉效果。

三、绘制步骤

1. 绘制线稿

首先，确定画面的构图，考虑光影的投射方向和物体的位置。在绘制过程中，要考虑画面的平衡感和深度感，用粗线条明确亮部和暗部的分界线（见图 3-4-1）。

2. 铺底色

在充分考虑画面光照方向和阴影位置后，选用灰调马克笔在线稿上画出投影的形状，光照的区域大胆留白，以突显光影的对比效果。在颜色选择上，近景选用纯度高的色彩，远景采用纯度较低的灰调色彩，通过色彩纯度的对比营造画面的纵深感和空间感（见图 3-4-2）。

3. 强化光影

使用深色马克笔加深画面投影，突出光影效果，提升画面的层次感（见图 3-4-3）。在选色上，可通过投影的冷暖对比强化画面的视觉效果。例如，在日光照射的区域可选用暖灰色调绘制投影，在远离日光照射的区域则用冷灰色调进行绘制。在绘制过程中，要确保受光面留白得当，反光面则需保持通透感，通过叠色处理使投影的过渡自然流畅。

4. 整体调控

首先，完善画面中展板与天花的细节，以增强画面的丰富度和层次感。在此基础上，加深物体的明暗交界线与画面前方的阴影部分，以形成远近对比，进而延伸画面深度，增强画面空间感，使画面更加通透且立体（见图 3-4-4）。

四、光影空间手绘表现图例

光影空间手绘表现图例如图 3-4-5 至图 3-4-10 所示。

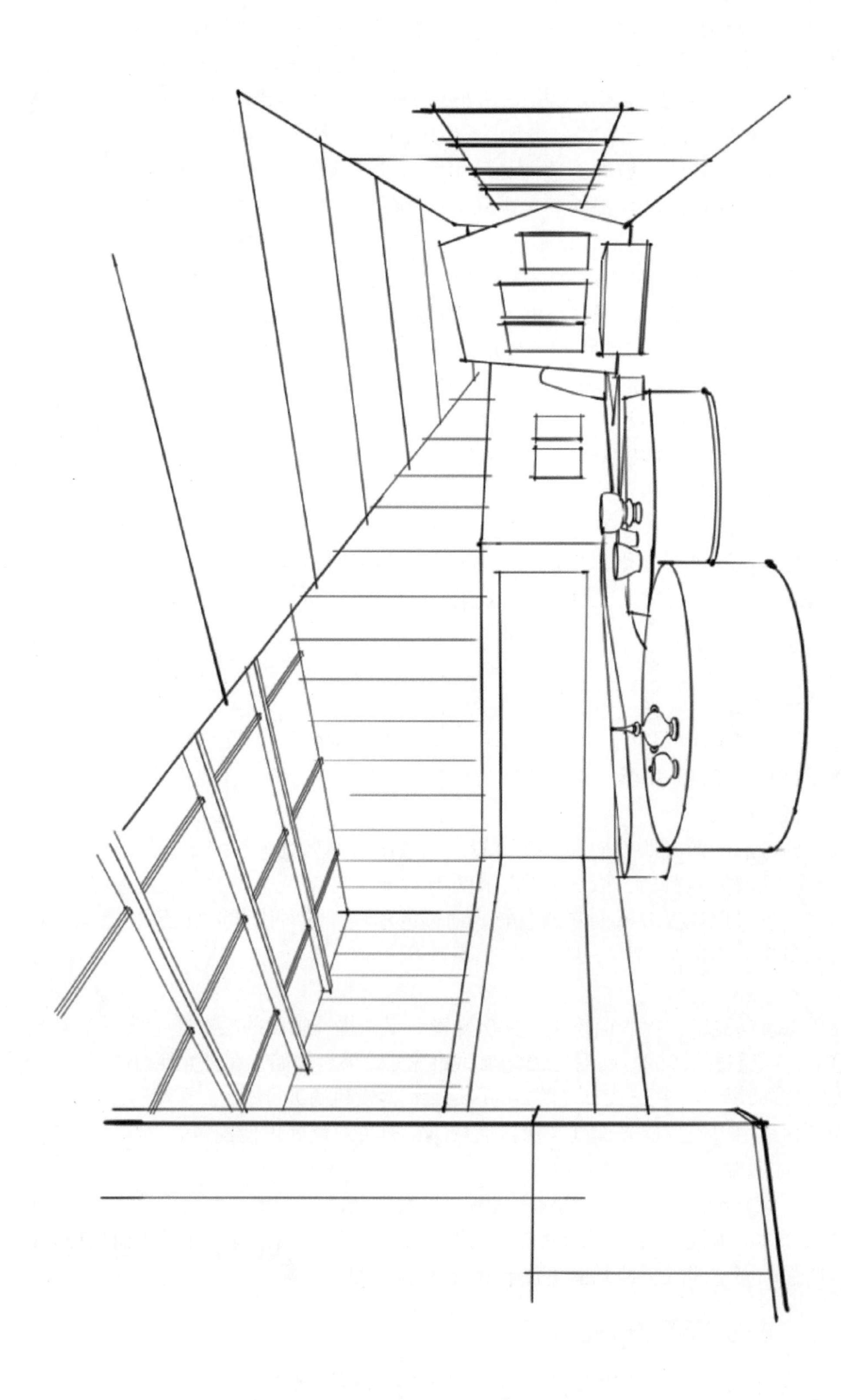

图 3-4-1　展厅绘制步骤一

图 3-4-2　展厅绘制步骤二

图 3-4-3　展厅绘制步骤三

图 3-4-4　展厅绘制步骤四

图 3-4-5　光影空间手绘表现图例一

图 3-4-6　光影空间手绘表现图例二

图 3-4-7　光影空间手绘表现图例三

图 3-4-8　光影空间手绘表现图例四

图 3-4-9 光影空间手绘表现图例五

图 3-4-10　光影空间手绘表现图例六

1. 根据分解步骤，完成展厅的光影空间手绘表现临摹练习。
2. 临摹光影空间手绘表现图例。